I Like
Meat

아이 라이크 미트

2판 1쇄 발행 2026년 01월 10일

지은이 임성근
펴낸이 김선숙, 이돈희
펴낸곳 그리고책(주식회사 이밥차)

주소 서울 서대문구 연희로 192 2층(연희동, 이밥차 빌딩)
대표전화 02-717-5486~7 팩스 02-717-5427
출판등록 2003년 4월 4일 제 10-2621호

편집 책임 박은식
편집 진행 최세진, 이다인, 심형희
마케팅 남유진, 조혜민, 권지은
영업 이교준, 정강석
경영지원 박민하, 한가을
교열 김혜정
푸드 스타일링 김민호(studio.tray)
푸드 스타일링 어시스트 박소영, 김두은, 이성욱
포토디렉터 율스튜디오 박형주, 윤성근
디자인 박은희

ⓒ 2026 임성근

ISBN 979-11-91923-06-3 13590
All rights reserved. First edition printed 2017.

I Like Meat

완벽한 삼겹살 구이부터 쇠고기 요리까지

그리고책
andbooks

———————————— 어려운 형편에 시골에서 자라 어린 나이에 조리업계에 입문하였고, 밤낮없이 조리기술을 배우고 익혀 업계에서는 보기 드물게 19세에 조리실장을 하게 되었습니다. 3년 뒤에는 국가공인 조리기능장까지 취득하여 현재 30여 년의 경력을 쌓게 되었습니다.

도전을 통해 새로운 메뉴를 개발하는 것에 관심이 많다 보니 2007년 서울 국제요리 경연대회 전통음식 부분금상, 2007년 서울 국제요리 경연대회 퓨전한식 부분 대상(문화관광부장광상수상), 2008년 한국음식 세계박람회 한국요리 경연대회 더운요리부분 금상, 2008년 경남향토식품경연대회 창작요리부분 금상, 2009년 at한국요리경연대회 창작요리부분 금상 등의 수상 경력을 갖게 되었으며, 2015년에는 tvN, O'live 채널의 '한식대첩 시즌3'에서 최종우승을 하였습니다.

현장에서 갑자기 떠오르는 메뉴, 또는 누군가의 제안에 의해 생각해낸 메뉴, 출장차 외국에서 만난 새로운 맛 등을 접목 하다 보니, 하루에도 서너 가지의 레시피가 늘 머릿속을 맴도는 것 같습니다. 한편으로는 주변의 많은 분들이 조리에 대 해 이런저런 질문들을 하시는데, 일일이 뵙고 설명드릴 수 없어 안타까운 마음이 들었습니다. 그러한 궁금증과 요리법 을 담아 보여드리고자 책을 출간하게 되었습니다. 그리고 주제는 고기로 정했습니다.

궁중 요리를 비롯, 한식만 해도 무궁무진한 요리가 있지만, 그중에서도 가장 일상적으로 접하는 메뉴는 바로 고기 요리 가 아닐까 하는 생각이 들었습니다. 매일의 반찬은 물론 명절이나 기념일 등의 특별한 날, 손님 초대상에도 고기는 빠지 지 않는 메뉴입니다. 저 또한 고기를 좋아합니다. 뿐만 아니라 수성심 전설, 고기굼터 돼지갈비, 한우가 등 고기 관련 외 식업계의 신메뉴 개발을 여럿 담당하면서, 기본에 충실하면서도 한끝 차로 새로워지는 고기 레시피를 만들고자 애쓰고 있습니다.

———————————— 고기를 좋아하는 이는 많지만 제대로 알고 먹는 사람은 그리 많지 않은 것 같습니다. 저같이 현업에 종사하며 고기를 만져온 사람이나 도축하는 이들, 고기를 연구하는 이들이 하나같이 말하는 점이 있습니다. 아무리 좋은 고기라 한들 용도에 맞지 않으면 그 고기는 가치가 떨어진다고요. 예를 들어 품질이 좋은 한우 암소 투플러스 등심으로 장조림을 한다면 어떨까요? 아마 느끼해서 2등급 우둔살로 한 것보다 훨씬 맛이 덜할 것입니다. 조리법에 따라 고기의 적절한 부위를 선별하고, 전처리 및 조리방법을 정하고, 정확한 레시피에 따라야 맛과 영양을 모두 챙길 수 있습니다.

무릇 음식은 사람의 몸과 마음을 움직이는 산물이라 했습니다. 사람들의 건강과 행복을 책임지는 조리사의 한 사람으로서 언제나 최선을 다하고자 합니다. 혹시나 잘못된 조리법이 독자들에게 전달될까 봐 마음을 졸이며 수십 번 생각을 하였고, 제가 그동안 조리를 하면서 느꼈던 방법 그대로 독자분들에게 전달하고자 노력했습니다.

조리는 레시피도 중요하지만 만드는 과정도 중요하기에, 하나라도 더 많은 고기상식을 전달하려 고민했습니다.

이 책을 도와주신 모든 분들에게 감사드리며, 이를 통해 앞으로 더 많은 이들이 고기를 좀 더 맛있게, 그리고 새롭게 즐길 수 있었으면 하는 바램입니다.

임성근

레시피를 따라 하기 전에 꼭 읽어보세요!

기본 레시피 페이지

▶ 조리 도구 일러스트

석쇠, 프라이팬, 냄비,
전골, 숯불, 가스불 등 각
요리마다 어떤 조리
도구가 필요한지
일러스트로 알려줘요.

▶ plus info.

레시피 이외에 알고
있으면 좋은 업그레이드
조리 팁이나 초보자를
위한 기초 조리 팁, 재료
보관법 등에 대해 추가로
알려줘요.

밥숟가락 계량법

우리 부엌에 늘 있는 밥숟가락으로 정확한 계량법을 알려줘요.

양념장

'+'로 표기한 양념장 재료는 미리 섞어두었다 조리에 활용하면 돼요.

손질과 조리

밑작업할 것과 조리하는 과정을 나누어 보여줘요.

세밀하고 촘촘한 과정컷

레시피를 글로만 읽으면 이해하기 어려운 부분이 생기기 쉽죠. 요리초보를 위해 요리 과정을 빠짐없이 사진으로 담았어요.

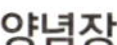

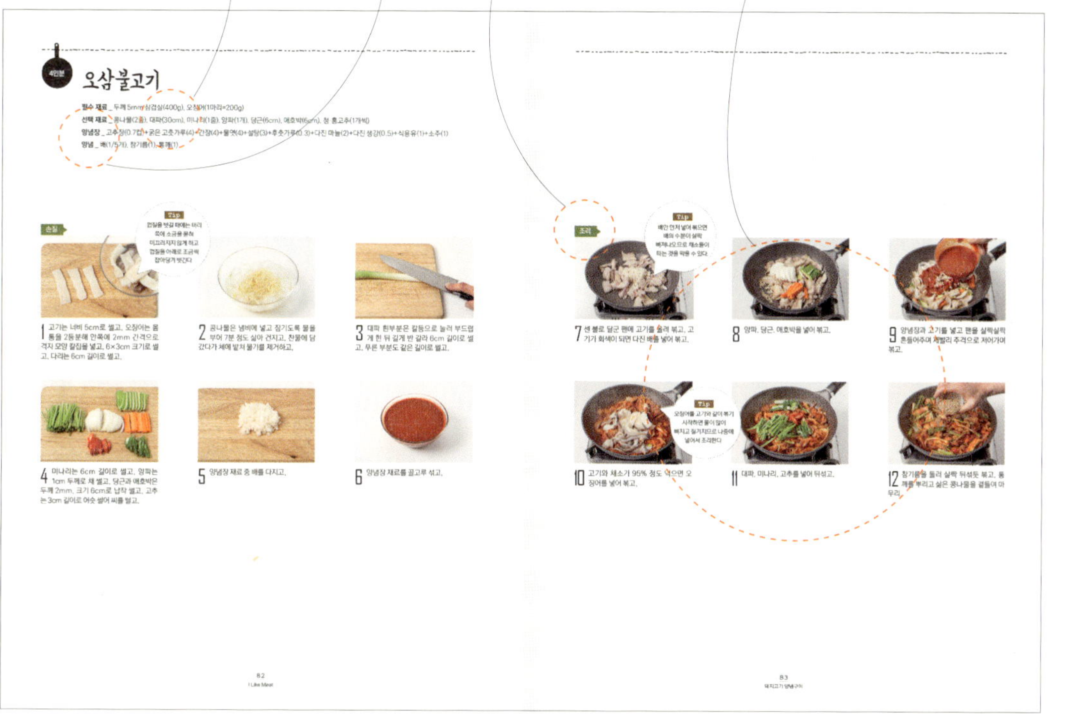

플러스 레시피 페이지

고기 레시피 이외에 고기를 더 맛있게 먹기 위한, 혹은 먹고 남은 고기를 더 맛있는 요리로 활용하기 위한 레시피를 추가적으로 담았어요.

고기를 질리지 않고 먹을 수 있도록 쌈장&소스 레시피를 담았어요. 고기 요리 뿐 아니라 잎채소나 다시마, 양배추 등 쌈을 싸 먹을 때도 곁들이면 좋은 레시피 입니다.

CHAPTER 1
삼겹살구이

CHAPTER 2
돼지고기 양념구이

손쉬운 계량법

밥숟가락으로 쉽게 계량하기

**가루 재료
분량 재기**

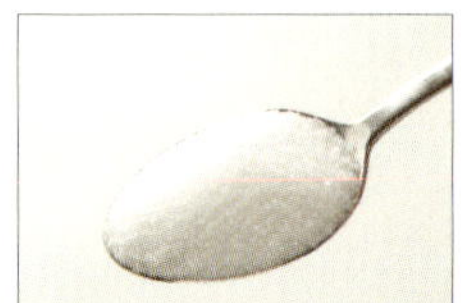

설탕(1)
숟가락으로 수북이 떠서 위로
볼록하게 올라오도록 담기.

설탕(0.5)
숟가락의 절반 정도만
볼록하게 담기.

설탕(0.3)
숟가락의 1/3 정도만
볼록하게 담기.

**다진 재료
분량 재기**

다진 마늘(1)
숟가락으로 수북이 떠서
꼭꼭 담기.

다진 마늘(0.5)
숟가락의 절반 정도만
꼭꼭 담기.

다진 마늘(0.3)
숟가락의 1/3 정도만
꼭꼭 담기.

**장류
분량 재기**

고추장(1)
숟가락으로 가득 떠서 위로
볼록하게 올라오도록 담기.

고추장(0.5)
숟가락의 절반 정도만
볼록하게 담기.

고추장(0.3)
숟가락의 1/3 정도만
볼록하게 담기.

**액체 양념
분량 재기**

간장(1)
숟가락 한가득 찰랑거리게
담기.

간장(0.5)
숟가락의 가장자리가
보이도록 절반 정도만 담기.

간장(0.3)
숟가락의 1/3 정도만
담기.

종이컵으로 분량 재기

육수(1컵=180㎖)
종이컵에 가득 담기.

육수(1/2컵=90㎖)
종이컵의 절반만 담기.

밀가루(1컵=100g)
종이컵에 가득 담아
윗면을 깎기.

다진 양파(1컵=110g)
종이컵에 가득 담아
윗면을 깎기.

아몬드(1/2컵)
종이컵의 절반만 담기.

멸치(1컵)
종이컵에 가득 담기.

눈대중으로 분량 재기

양파(1/4개=50g)

마늘(1쪽=5g)

생강(1쪽=7g)

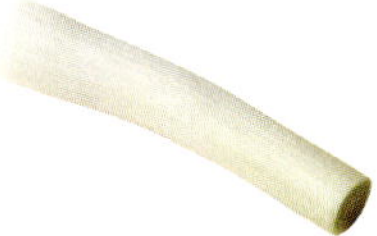

대파 흰부분(1대=10cm)

당근(1/2개=100g)

돼지고기(1토막=200g)

손으로 분량 재기

콩나물(1줌)
손으로 자연스럽게
한가득 쥐기.

시금치(1줌)
손으로 자연스럽게
한가득 쥐기.

국수(1줌=1인분)
500원 동전 크기로
가볍게 쥐기.

그 외 알아두기

'+' 표시의 의미
양념장, 소스, 드레싱 _ 음식을 만들기 전에 미리 섞어 놓으면 좋은 양념, 미리 섞어두면 숙성되면서 맛이 어우러져 더 깊은 맛을 내요. 재료에 +로 표시되어 있다면 미리 섞어두세요.

약간
소금 등을 약간 넣었다면 엄지와 검지로 살짝 집은 정도를 말해요.

필수 재료
필수재료는 음식을 만들기 위해서 꼭 필요한 재료를 말해요.

선택 재료
선택 재료는 있으면 좋지만 기본적인 맛을 내는 데는 크게 영향을 끼치지 않는 재료를 말해요. 대체하거나 생략이 가능해요.

양념
다진 마늘, 간장, 고추장, 설탕, 참기름, 통깨 등 요리의 맛을 내기 위해서 쓰이는 재료입니다.

MEAT INFO

고기 제대로 즐기기

고기는 비만의 주범으로 오인당해 왔지만, 최근에는 고단백식 등이 인기를 끌면서
오히려 다이어트 식품으로 주목받고 있다. 캐나다 브리티시 컬럼비아 암연구소의
제럴드 크리스털(Gerald Kystal) 박사는 고단백 식사가 암 발생 위험을 감소시키는
한편 이미 발생한 종양의 성장을 지연시키는 데 도움이 된다는 연구결과를 내놓았고,
일본의 도쿄 노인종합연구소가 70세 이상의 고령자들을 15년간 조사한 결과 장수한
노인들의 절반 이상이 꾸준히 고기와 우유를 섭취했다. 그중 20%는 매일 고기를 먹었다.
이러한 사례를 보아도 건강과 장수를 위해서 육식을 빼놓을 수 없다. 물론 육식주의,
채식주의는 선택의 몫이지만, 육식에는 채식을 통해서는 절대로 채울 수 없는 것들이 있다.
좋은 콜레스테롤과 완전 단백질을 공급하는 것. 좋은 콜레스테롤은 뼈를 튼튼하게 하는
비타민 D의 원료이고, 유해 산소를 없애는 항산화제로도 작용한다. 이뿐만 아니라 비타민
B_2, B_{12}, 엽산, 아연, 철분 등도 풍부하게 담겨 있다.
특히 빈혈이 심한 사람은 철분 보충을 위해 쇠고기와 쇠간 등을 먹는 것이 좋다. 건강한
체내 대사 기능을 유지하기 위해서 고기는 반드시 챙겨 먹어야 하는 영양 만점 식품이라 할
수 있다. 단, 고기를 먹을 땐 채소를 곁들이고, 가능하면 태우지 않게 조리하며,
찌개나 국으로 끓일 때는 기름기를 한 번 걷어내는 것이 좋다.
이렇게 우리 몸에 좋은 고기를 더 건강하게 즐기고 더 맛있게 먹을 수 있다면 금상첨화.
고기를 제대로 즐기고 싶은 마니아라면 질 좋은 고기를 고르는 법부터 손질법,
저장법은 물론 스마트한 조리 도구, 불 조절법 등 알아둘 것이 한두 가지가 아닐 터.
이 책의 〈meat info〉의 페이지만 마스터해도 이미 고기 전문가가 될 것이다.

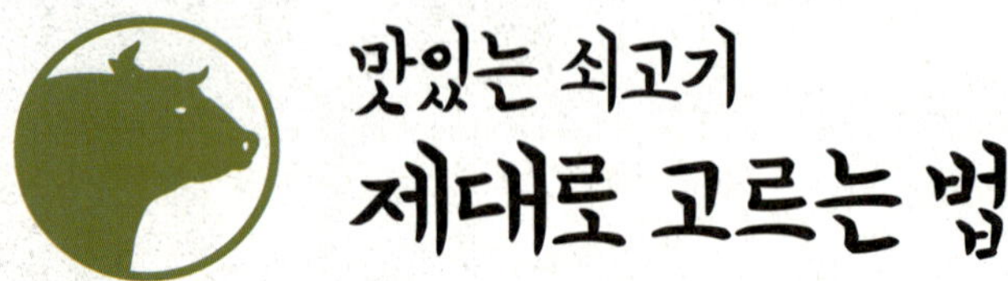

맛있는 쇠고기 제대로 고르는 법

좋은 쇠고기 고르는 기준

색

선명한 선홍색이나 붉은빛을 띠는 것이 좋다. 단, 너무 새빨간 고기는 피한다. 잘게 간 쇠고기의 경우 표면은 붉은색인데 안쪽은 겉에 비해 칙칙하다. 이는 갓 썰어낸 고기의 표면은 칙칙한 자줏빛이지만 산소와 결합하면서 붉은색으로 변하기 때문이다. 따라서 산소와 닿지 않는 안쪽은 원래의 칙칙한 자줏빛으로 남아 있는 것. 산패되어 오래된 쇠고기는 이와는 다른 갈색을 띤다. 그리고 간 고기에서 핑크빛이 돌면 지방이 많이 포함된 것일 수 있다.

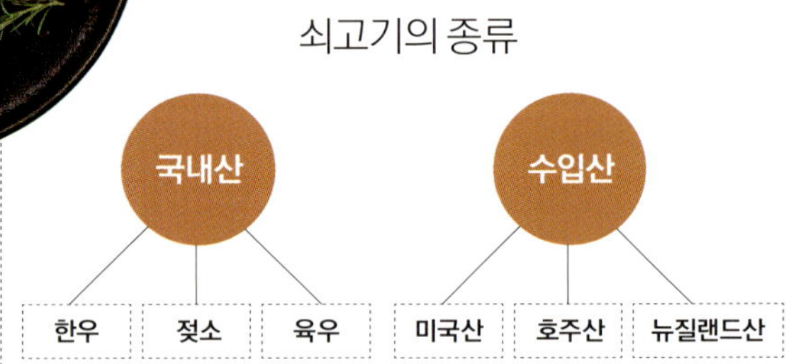

지방의 색

쇠고기의 지방이 하얀색일수록 좋은 것이다. 단, 천연 목초를 먹고 방목 사육된 뉴질랜드산 쇠고기의 지방은 연노란색을 띠는 것이 정상이다.

마블링

나라별로 좋아하는 고기 상태가 다르다. 우리나라 사람들은 살코기 속에 지방층이 대리석처럼 고루 박혀 있는 '마블링 고기'를 선호한다. 마블링을 쇠고기 품질 기준으로 삼는 나라는 우리나라, 미국, 일본 세 나라뿐이다.

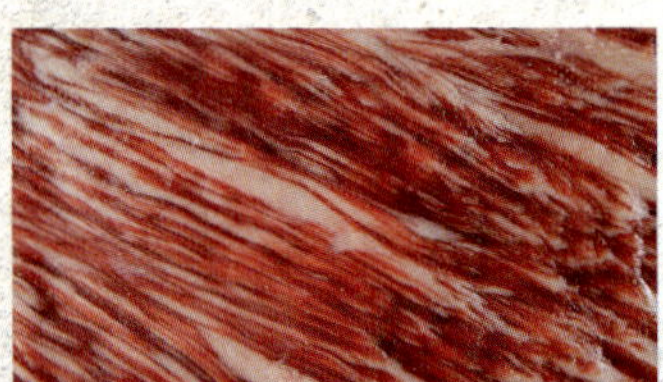

고기 결

가늘고 섬세한 결의 쇠고기는 부드럽고 맛이 좋다. 운동량이 많은 부위는 결이 굵고 거친데 그만큼 질기다.

수분

신선한 쇠고기는 광택이 돌고 수분이 적당히 배어나와 촉촉하다. 냉동과 해동을 반복하거나 늙은 소의 경우 육질이 단단하고 건조하다. 단, 핏물처럼 보이는 육즙이 많이 흘러나온 것은 오래된 제품이다. 상한 것은 아니지만 그만큼 맛이 떨어진다.

쇠고기의 종류

국내산			수입산		
한우	젖소	육우	미국산	호주산	뉴질랜드산

한우는?
우리나라 고유 품종의 토종 소로, 국내산이 모두 한우는 아니다. 한우는 다시 암소, 거세우, 거세하지 않은 수소로 나뉜다. 국내산 쇠고기는 *HACCP 인증 작업장에서 도축 검인 색깔을 보고 가장 먼저 확인할 수 있다. 한우에는 적색, 육우에는 녹색, 젖소에는 청색 검인이 찍힌다.

젖소는?
우유 생산을 목적으로 사육되는 소. 일반적으로는 한우 암소, 한우 거세우, 한우 수소, 육우, 젖소 순으로 맛있다고 알려져 있다.

육우는?
법적으로 한우와 젖소를 제외한 모든 쇠고기를 의미하지만, 대부분은 고기 생산을 목적으로 전문 사육되는 젖소 수소의 고기를 말한다. 우리나라에서 사육되는 젖소는 홀스타인 종의 얼룩소로, 얼룩소가 수송아지를 낳으면 고기 생산을 목적으로 하는 육우로 키우고 암송아지를 낳으면 우유를 생산하는 젖소로 키우는 것. 단, 수입된 소라도 국내에서 6개월 이상 사육되면 국내산 육우로 분류된다.

이력번호 조회로 등급 쉽게 확인하는 법

먼저 기본 정보가 표시된 스티커를 확인한다.

개별 포장된 쇠고기에는 원산지, 종류, 등급, 부위, 이력번호 등의 기본 정보가 표시된 스티커가 붙어 있다.

이 중 이력번호를 홈페이지나 스마트폰을 이용해 조회하면 된다.

홈페이지를 이용할 경우

1

축산물 이력제 시스템 메인 홈페이지
(http://www.mtrace.go.kr)에
접속한다.

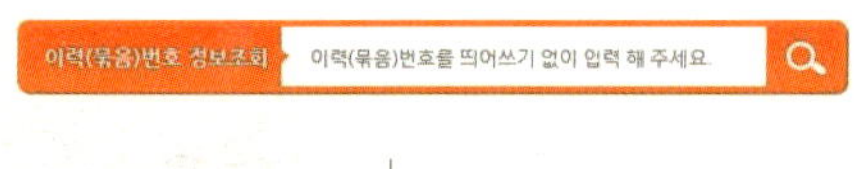

2

12자리 숫자로 되어 있는
이력번호 또는 묶음번호를 입력 후
조회 버튼을 클릭한다.

● 이력번호를 조회한 경우

3

쇠고기 이력번호 및
묶음번호 조회 결과

개체정보
이력번호, 출생년월일,
소의 종류, 성별

신고정보
소유주, 신고구분,
신고일자, 사육지

도축 및 포장처리정보
도축장, 도축일자, 도축검사결과,
육질등급, 포장처리장

**구제역 백신접종 및
브루셀라병 검사정보**
구제역 예방접종최종일자,
브루셀라 검사최종일자 및
검사 결과

● 묶음번호를 조회한 경우

구성내역서
묶은번호로 조회된 상호,
주소

묶음번호구성내역
묶음번호로 조회된
이력번호,
소의 종류, 등급, 사육지

이력번호를 통해 확인할 수 있는 것은?

국내산 쇠고기의 경우, 소의 출생일, 종류, 성별, 소유주, 사육지, 도축 일자, 등급, 브랜드명 등의 정보를 모두 확인 할 수 있다.

수입산 쇠고기의 경우, 쇠고기의 원산지, 수출국 도축장, 도축 일장, 가공장, 가공 일자, 수출 업체, 수입 업체, 유통기한 등을 확인할 수 있다.

수입산 쇠고기의 경우
www.meatwatch.go.kr 들어가 확인할 수 있다.

한우일 경우
www.ihanwoo.org 에서 인증점을 확인할 수 있다.

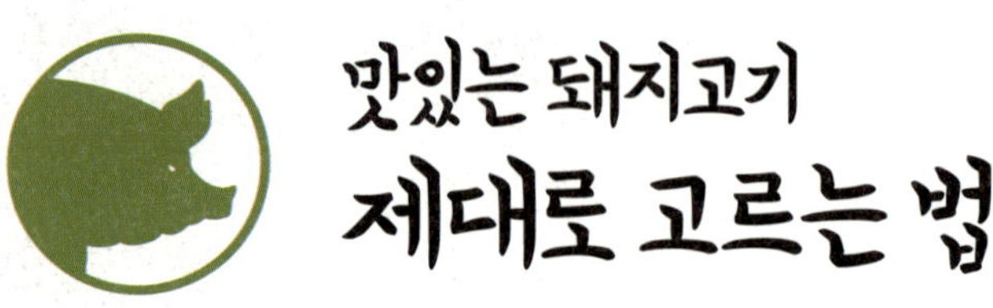

맛있는 돼지고기 제대로 고르는 법

좋은 돼지고기 고르는 기준

색

돼지고기의 육색은 옅은 선홍색을 띠면서 윤기가 나는 게 좋다. 일반적으로 돼지고기는 쇠고기보다 색깔이 옅다. 스트레스를 많이 받은 돼지고기(PSE육: 물돼지고기)는 육색이 창백하고 탄력성이 적어 물렁거리며 육즙이 많이 흘러나와 유심히 살펴볼 필요가 있다. 진한 암적색일 경우에는 늙은 돼지고기일 수도 있다.

지방의 색

지방은 돼지고기의 육질에 큰 영향을 주는데, 비육이 잘된 돼지고기는 지방색이 희고 단단할 뿐만 아니라 육질이 연하고 향미가 좋다. 반면 지방이 지나치게 무르거나 노란색을 띠는 고기는 냄새가 많이 나고 퍽퍽하며 맛이 없다.

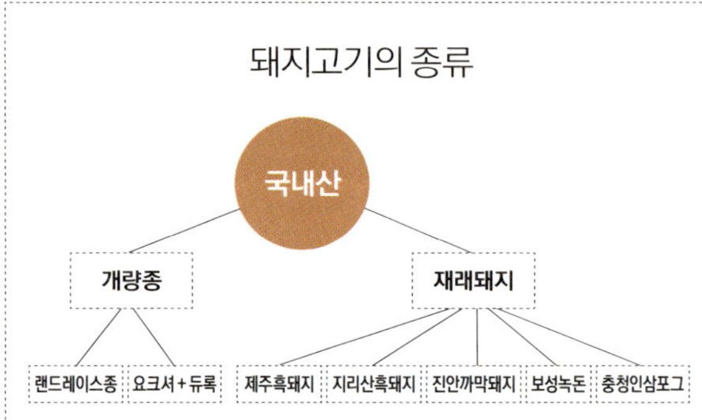

마블링

마블링은 주로 쇠고기에 있지만 돼지고기에도 있다. 주로 항정살, 목살 등의 부위에 있는데, 항정살은 마블링이 천 개가 된다고 하여 천겹살이라고 부르기도 한다.

고기 결

돼지고기의 결은 쇠고기에 비해 거친 편이다. 결이 곱고 탄력이 있는 고기는 신선한 어린 돼지의 고기로서 대체로 연하고 맛이 좋다. 반면 운동량이 많은 부위는 결이 굵고 거칠다. 하지만 쫄깃쫄깃한 식감을 즐기는 이라면 결이 굵고 거친 부위를 선호한다.

수분

돼지고기의 수분 함량은 75~80%로, 쇠고기보다 수분 함량이 높아 숙성시간이 오래 걸리지 않는다. 하지만 고기를 썰어 오래 두면 상하기 쉽고 육즙이 빠져나와 맛이 없으며 산화현상으로 고기가 갈변한다.

돼지고기의 종류

```
                      국내산
           ┌────────────┴────────────┐
        개량종                      재래돼지
      ┌────┴────┐        ┌──────┬──────┬──────┬──────┐
 랜드레이스종  요크셔+듀록  제주흑돼지 지리산흑돼지 진안까막돼지 보성녹돈 충청인삼포그
```

개량종은?

우리가 흔히 먹는 돼지고기는 랜드레이스와 요크셔를 듀록과 교배하여 태어난 교잡종 돼지이다. 순종과 순종을 교배시켜 나온 잡종을 1대 잡종(F1)이라고 하는데, 1대 잡종이 전 세계적으로 가장 일반화된 고기 생산용 돼지이다. 1대 잡종은 고기 맛도 좋고 생산성 면에서 제일 경제적이라고 알려져 있다.

재래돼지는?

지방특산품으로 생산하는 돼지로, 제각각 사료에 들어가는 것이 다르고, 고기 맛을 좌우하는 바람, 물, 토양 등이 다르기 때문에 고유의 맛이 있다. 또 요즘에는 화식(옥수수, 보리, 쌀겨, 대두밥, 어분, 곡류 부산물, 건초 등을 죽을 써서 사료로 먹이는 것)으로 돼지를 사육하는 농장도 많이 늘고 있다. 화식으로 키운 돼지는 단백질 함량이 높고 식감이 쫄깃하며 냄새가 나지 않는 것이 특징. 농가 이력제를 통해 친환경, 무항생제 등의 정보로 확인할 수 있다.

냉동 삼겹살 마니아를 위해

생삼겹살 vs. 냉동 삼겹살

1 생삼겹살은 도축한 지 얼마 되지 않은 생고기이므로 맛이 좋고 육즙이나 신선도가 좋아 모든 요리에 활용할 수 있다. 단, 생삼겹살은 바로 먹을 양만 구입하는 것이 좋다.

2 바로 먹지 않고 오래 저장하거나 먼 거리를 이동할 경우, 혹은 얇은 삼겹살을 활용하고자 할 때는 냉동 삼겹살을 구입하는 것을 추천한다. 단, 급속 냉동한 제품인지 꼭 확인한다. 맛은 생삼겹살보다 떨어지지만 얇게 썰어 구우면 색다른 풍미를 느낄 수 있다.

3 신선도나 풍미는 생삼겹살이 좋으나 보관이나 가격, 이동, 썰기 등은 냉동 삼겹살이 좋다. 따라서 질 좋은 고기를 먹고자 할 때는 생삼겹살을 먹고, 이동이나 보관을 하고자할 때는 냉동 삼겹살을 구매하는 게 좋다.

4 냉동 삼겹살을 해동할 때에는 실온에서 해동하지 말고 냉장실에서 자연 해동해야 좋은 상태의 삼겹살을 즐길 수 있다.

좋은 냉동 삼겹살 고르기

과거에는 정육점에 삼겹살이 들어오면 오래 보관하기 위해 비닐 포장지로 돌돌 말아 냉동 보관해서 판매했다. 썰기도 편하고 무엇보다 오래 보관할 수 있는 장점 때문에 사용했던 방법이나 지금은 주로 수입육에 활용한다.

냉동 삼겹살은 보관 기간이 길어 잘못 구입하면 누린내가 나고 질길 수 있으므로 잘 골라야 한다. 냉동 삼겹살은 주로 해외에서 들여온 돼지고기라 수입 국가와 유통기한을 꼭 확인한다. 색이 변질된 고기, 냄새를 맡아봐서 누린내나 잡냄새가 나는 고기는 피한다.

냉동 삼겹살 올바르게 해동하기

냉동 삼겹살을 해동 후 활용할 때는 밀봉한 상태로 냉장고에 넣어 천천히 자연 해동해야 육즙이 적게 빠져나오고 육질이 퍽퍽해지는 것을 방지하며 냄새가 적어 맛있는 냉동 삼겹살을 즐길 수 있다. 짧은 시간 내에 인위적으로 급하게 해동하면 육즙이 많이 빠져 고기 조직에 탄력이 없고 영양가와 맛이 떨어진다. 그러므로 냉장실에서 자연 해동하는 것이 가장 좋다.

냉동 삽겹살의 장점

냉동 삼겹살은 대패삼겹이라고도 한다. 3mm에서 3.5mm 두께가 가장 적당하며 두께가 얇기 때문에 금방 구워서 바로바로 먹을 수 있는 게 장점이다. 맛있게 굽는 요령은 주물 팬에 포일을 깔고 센 불에 차돌박이 굽듯이 빠르게 바로 바로 구워 먹는다. 어느 정도 구우 뒤 주물팬 밑으로 빠진 기름을 다시 불판에 올려 오징어와 신김치를 같이 올려 볶아 먹으면 아주 맛있다.

쇠고기 VS 돼지고기,
부위별 명칭과 어울리는 요리

쇠고기

미역국에 비싼 안심이나 등심을 넣어봐야 제맛을 느낄 수 없다. 미역국은 양지머리를 넣고 끓여야 맛있다. 이처럼 각 요리에는 어울리는 부위가 따로 있다. 부위별 특성을 잘 알면 요리를 맛있게 즐길 수 있고 또 경제적으로도 이득이다. 쇠고기 부위는 크게 안심, 등심, 채끝, 양지머리, 갈비, 목심, 앞다리, 우둔, 설도, 사태로 나뉜다. 각 부위는 또 다시 여러 개의 부위로 나뉘어 약 50여 가지의 부위가 있다.

안심
1 —— **안심살** 가장 부드러운 부위
  구이, 스테이크, 장조림

등심
2 —— **윗등심살** 결이 곱고 육즙이 풍부한 부위
  구이, 스테이크
3 —— **꽃등심살** 고소하고 감칠맛이 일품
  스테이크, 구이, 샤브샤브
4 —— **아래등심살** 고기 결이 부드럽고 연해
  스테이크로 제격
  스테이크, 샤브샤브
5 —— **살치살** 선홍색의 환상적인 마블링
  구이

채끝
6 —— **채끝살** 결이 곱고 부드러워 풍부한
  육즙과 향미
  스테이크, 산적, 너비아니

목심
7 —— **목심살** 씹을수록 고소한 맛
  불고기, 국거리

앞다리
8 —— **꾸리살** 쇠고기의 담백한 맛을
  즐기기에 제격
  육회, 불고기, 국거리
9 —— **부챗살** 낙엽살로도 불리며 육즙이 풍부
  구이, 불고기
10 —— **앞다릿살** 마블링이 적고 결합조직이
  많은 편
  국거리, 불고기, 장조림
11 —— **갈비덧살** 쫀득쫀득 고소한 맛이 뛰어남
  구이, 전골, 불고기, 샤브샤브
12 —— **부채덮개살** 근막이 발달되어 고깃결이
  거칠어 잘게 썰어 사용
  불고기, 국거리

우둔
13 —— **우둔살** 볼깃살로 불리며 뒷다리 부위 중
  연하고 맛도 담백
  육포, 육회, 불고기, 장조림
14 —— **홍두깨살** 지방 함량이 거의 없는
  살코기로 다소 거칠고 질김
  육포, 장조림, 육개장

설도
15 —— **보섭살** 채끝살과 인접해 부드럽고
  진향 육향을 지님
  육회, 구이, 스테이크, 불고기
16 —— **설깃살** 지방이 적고 단백질이 많아 질김
  전골, 국거리, 불고기
17 —— **설깃머리살** 지방과 살코기 비율이
  적당해 씹을수록 담백
  전골, 장조림
18 —— **도가닛살** 운동량이 많아 근육이 많고
  육향이 풍부
  육회, 국거리, 불고기
19 —— **삼각살** 마블링과 육즙이 풍부
  구이, 육회

양지

20 — **양지머리** 숙성해도 질긴 질감으로
오래 끓이는 요리에 적합
🥄 전골, 육수, 장조림

21 — **차돌박이** 근육 사이 지방이 박혀 있어
고소하고 육즙이 풍부
🥄 구이, 샤브샤브

22 — **업진살** 소의 뱃살로 살코기가 질기지 않아
저작감이 뛰어남
🥄 수육, 국거리, 커리

23 — **업진안살** 육즙이 풍부하고
마블링이 좋으며 꼬들꼬들한 질감
🥄 구이, 국거리

24 — **치마양지** 마블링과 육즙이 좋고
고기의 결 따라 잘 찢어지는 특성
🥄 구이, 장조림, 육개장

25 — **치마살** 연하고 육즙과 지방이 풍부
🥄 구이, 육회

26 — **앞치마살** 육질이 거칠지만 육즙이
풍부하며 육향이 진하고 고소
🥄 탕, 구이, 장조림

사태

27 — **앞사태** 운동량이 많아 결이 거친 편으로
오래 가열하면 부드러워짐
🥄 탕, 찌개, 불고기

28 — **뒷사태** 질감이 거치나 숙성하면
쫄깃하고 담백한 맛
🥄 찜, 국거리, 장조림

29 — **뭉치사태** 근막과 힘줄이 잘 발달해
육질이 거칠고 단단
🥄 탕, 찜, 장조림

30 — **아롱사태** 지방이 거의 없고
결이 굵고 단단
🥄 탕, 육회

31 — **상박살** 특유의 담백하고
쫄깃한 맛이 일품
🥄 구이, 육회, 장조림, 국거리

갈비

32 — **본갈비** 살코기, 지방, 근육 3겹의 층을
이뤄 부드러운 듯 쫄깃한 맛
🥄 구이, 탕, 찜

33 — **꽃갈비** 마블링이 뛰어나고 감칠맛과
저작감이 좋음
🥄 구이

34 — **참갈비** 살코기가 적고 갈비뼈가
차지하는 비율이 높은 편
🥄 갈비탕

35 — **갈빗살** 갈비뼈 사이의 살코기만
분리한 것
🥄 구이

36 — **마구리** 척추와 가슴 부위로
연골과 뼈가 주를 이룸
🥄 탕, 육수

37 — **토시살** 근섬유가 부드럽고 육즙이 진함
🥄 구이

38 — **안창살** 진한 육즙과 약간의 마블링으로
쫄깃쫄깃한 맛
🥄 구이

39 — **제비추리** 조직감이 단단하지만
연하고 고소한 맛
🥄 구이

돼지고기는 약 70~75%가 수분이고 나머지는 대부분 단백질로 구성된 고단백질 식품이다. 또한 지방, 탄수화물, 비타민 및 미네랄 등의 영양 성분을 포함하고 있으며 특히 비타민 B_1은 쇠고기보다 함유량이 높다.

돼지고기 부위는 크게 갈비, 목심, 등심, 안심, 앞다리, 삼겹살, 뒷다리로 나뉜다. 각 부위는 또 다시 여러 개의 부위로 나뉘어 약 25여 가지의 부위가 있다.

안심

1 — **안심살** 지방이 적고 단백질 함량이 높아 칼로리가 낮음
구이, 장조림, 탕수육

등심

2 — **등심살** 육질이 부드럽고 피하 지방을 제거하면 살코기만 남아 담백함
돈가스, 불고기, 스테이크

3 — **알등심살** 근섬유 방향이 일정해 크기, 두께 등을 쉽게 조절할 수 있음
돈가스, 스테이크

4 — **등심덧살** 돼지 한 마리당 450g 정도만 생산되며, 육즙이 풍부
구이

목심

5 — **목심살** 육즙이 고소함
구이, 불고기, 전골

앞다리

6 — **앞다릿살** 색과 향이 진하고 지방이 적음
구이, 국거리

7 — **앞사태살** 지방이 거의 없고 식감이 쫄깃
장조림, 국거리

8 — **항정살** 마블링과 부드러운 풍미가 돋보임
구이

뒷다리

9 — **볼기살** 결이 거칠지만 식감은 질기지 않음
장조림, 불고기

10 — **설깃살** 식감이 질기며 지방이 적은 편
탕, 탕수육

11 — **도가닛살** 단백질 함량이 높아 육향이 진함
찌개, 국거리, 탕수육

12 — **홍두깨살** 보수력이 뛰어나 육즙이 풍부함
구이

13 — **보섭살** 결이 부드럽고 근내 지방 함량이 적음
불고기, 장조림

14 — **뒷사태살** 조직이 단단하고 식감이 질긴 편
수육, 장조림, 불고기

삼겹살

15 — **삼겹살** 지방 함량이 높고 식감이 부드러움
구이, 수육, 베이컨

16 — **갈매기살** 쫄깃하며 씹을수록 구수한 육즙
구이

17 — **등갈빗살** 살코기는 담백하고 육즙은 감칠맛
찜, 구이

18 — **토시살** 육향이 강하며 갈매기살과 맛이 비슷함
구이

19 — **오돌삼겹살** 연골즙과 육즙이 어우러져 단맛이 살짝 돔
찜, 구이

갈비

20 — **갈비** 근내 지방 함량이 적당해 식감이 부드럽고 고소함
구이

21 — **갈빗살** 마블링이 좋고 식감이 부드러움
구이, 떡갈비, 볶음

22 — **마구리** 뼈에서 우러나는 구수한 맛이 좋음
육수

남은 고기 보관하기

고기를 냉장실에 보관할 경우, 덩어리 고기는 3~5일 정도, 썰거나 다진 고기는 하루, 구운 고기는 2~4일 정도 보관할 수 있다. 냉동실에 보관한다면 덩어리 고기는 6~12개월, 썰거나 다진 고기는 3개월, 구운 고기는 2~3개월 정도 보관 가능하다. 고기는 −18℃부터 얼기 시작하고 완전히 얼고 나면 0℃를 쭉 유지하는 것이 좋다. 냉동할 때 주의할 점은 공기에 닿는 표면적이 넓을수록 쉽게 변질되기 때문에 면적에 따라 보관법을 달리해야 한다는 것이다.

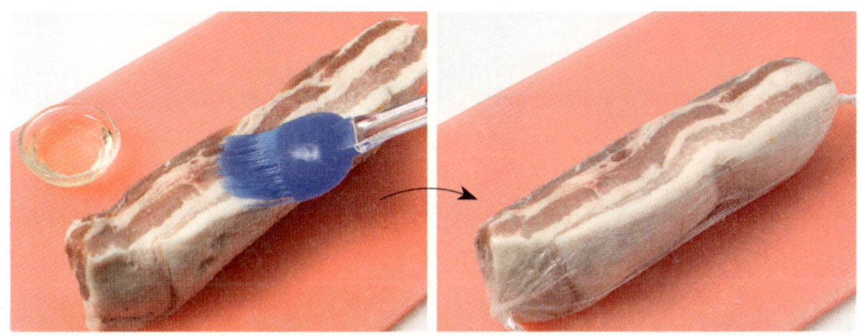

덩어리 고기
공기와 접하는 면적이 가장 작다. 비닐랩으로 꽁꽁 싸맨 후 지퍼백에 넣어 밀봉하는 것이 좋다. 구이용이라면 고기 겉면에 오일을 발라 더욱 치밀하게 공기를 차단한다. 그래야 해동할 때도 육즙이 밖으로 흘러나오는 것을 더 꼼꼼하게 방지할 수 있다.

다진 고기
먹을 만큼씩 소분해 밀봉하면 좋다. 청주를 뿌린 후 한번 볶아서 냉동시키는 방법도 있다. 이미 가열 과정을 거쳐 냉동하면 해동할 때 육즙이 더 이상 빠져나가지 않는다.

얇게 썬 고기
단면이 넓어 상하기 쉽다. 키친타월이나 흡수지로 수분을 제거하고 100g씩 나눠 달라붙지 않도록 비닐랩을 켜켜이 쌓아 밀봉해 냉동한다. 비닐랩 덕분에 필요한 만큼만 꺼내 해동하기 편하고 시간도 단축된다.

구워서 남은 고기
식혀서 다지거나 최대한 얇게 썰어 밀폐용기에 담아 바로 냉동 보관한다. 요리할 때 바로 꺼내 달군 팬에 채소와 함께 볶음밥을 하거나 된장찌개 등에 넣어 맛을 더한다.

굽고 끓이기 전에
고기 밑손질하기

냉동육 해동하기

생고기를 얼리면 표면에 큰 결정이 생겨 고기의 세포막에 구멍이 나는데, 육안으로 보기에도 좋지 않고 구멍으로 단백질과 비타민, 색소 등이 빠져나간다. 그래서 어떻게 해동을 하느냐가 중요하다. 고기의 손상을 최소화하는 해동법을 참고하자.

냉장실에서 해동하기
해동 시간:12시간 이내

요리하기 하루 전날 랩에 싼 채 2~4℃의 냉장실에서 서서히 해동하는 것이 가장 좋다. 급하게 해동할수록 육즙이 줄고 영양소도 파괴되기 때문이다. 실온에서 고기를 해동하면 식중독을 일으키는 세균이 번식할 가능성이 높으므로 절대 실온에서 해동하지 않을 것. 해동된 고기를 다시 냉동하는 것도 좋지 않다. 냉동과 해동이 반복될수록 조직이 파괴되고 맛이 떨어질 뿐만 아니라 산패가 쉽게 된다. 따라서 필요한 만큼만 해동한다.

찬물로 해동하기
해동 시간:1시간 이내

급하게 해동해야 한다면 찬물에 해동하는 방법이 있다. 냉동된 고기를 밀봉한 후 20℃ 이하의 흐르는 찬물로 해동하거나 얼음물에 담가둔다.

전자레인지로 해동하기
해동 시간:1~3분 이내

전자레인지의 해동 기능을 이용해 급속 해동한다. 얼린 고기의 양에 따라 해동 시간이 다르므로 1분씩 돌려 확인해가면서 시간을 늘려나간다. 육즙의 손실 우려가 있어 많이 권하지는 않지만 실온에서 해동하는 것보다 빠르고 안전한 방법이다. 대신 해동 후 바로 조리하는 것이 좋다.

핏물 빼기

뼈에서 나오는 것이 핏물이고, 살에 있는 것은 육즙이므로 육즙을 가두고 진한 맛을 내고자 한다면 안 우려내고 먹는 것이 좋다. 하지만 누린내 없이 깔끔한 국물맛을 원한다면 핏물을 뺀다.

수육이나 국물 요리 등을 위해 덩어리 고기를 구입했다면 찬물에 담가 2~3시간 이상 핏물을 빼야 하며, 중간에 물을 서너 번 갈아야 한다. 설탕이나 콜라 등을 섞은 물에 담가두면 핏물 빼는 시간을 절반(1시간)으로 줄일 수 있다. 여름에는 물을 더 자주 갈아줘야 한다.

연하게 만들기

고기 두들기기

고기용 망치나 칼등으로 고기를 두들기면 고기가 부드러워진다. 고기 위에 비닐을 덮고 밀대로 두드려도 된다. 고기를 두드리면 구운 다음에 수축도 덜하다.

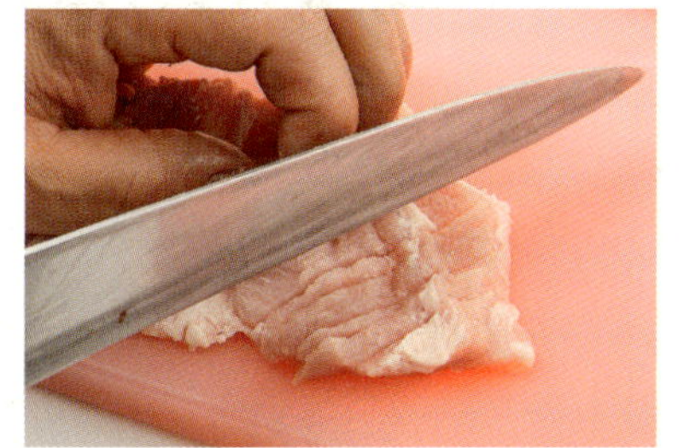

힘줄 부위에 잔칼집 내기

칼끝으로 콕콕 찔러주거나 칼집을 내면 힘줄이 끊겨 좀 더 부드러운 고기를 맛볼 수 있다. 칼 대신 포크로 찌르는 방법도 있다.

설탕에 바로 재워두기

갈비처럼 비교적 두툼하게 써는 고기는 칼집을 촘촘하게 낸 다음 설탕과 고루 섞어 바로 재어두면 핏물이 빨리 빠지기도 하고 훨씬 부드러워진다.

양념고기는 과일로 밑간 하기

불고기나 양념고기는 사과, 배, 양파, 파인애플 등의 재료로 밑간하면 고기가 연해지고 천연의 재료로 단맛을 낼 수 있다. 단, 파인애플은 산 성분이 강해 고기의 질감을 너무 연하게 할 수 있으니 덩어리 고기나 갈비에 넣고, 불고기처럼 얇은 고기에는 배즙이나 양파즙을 사용하면 좋다.

두께와 결에 따라 맛이 다르다
요리에 맞게 썰기

맛있게 써는 법

조리하기 직전에 썰기

고기는 조리하기 직전에 잘라야 한다.
미리 썰어 놓으면 육즙이 흘러나와 맛이
떨어지고 산패되어 신선도가 떨어진다.
그리고 돼지고기의 지방을 싫어하는
사람이 있는데, 이 경우에는 기름을
떼어내지 않고 다 구운 다음에 먹기
전에 잘라내야 향과 식감이 좋다.

결과 직각으로 썰기 VS 결과 나란히 썰기

특히 덩어리 고기를 얇게 썰 때에는 고기 결과 직각으로 잘라야 근육과 심줄이 끊어져
질기지 않고 부드럽게 씹히는 맛을 즐길 수 있다. 반면, 채를 치듯 잘게 썰 때에는 고기 결과
나란히 썰어야 부서지지 않고 쫄깃한 질감을 살릴 수 있다.

결과 직각으로 썰기

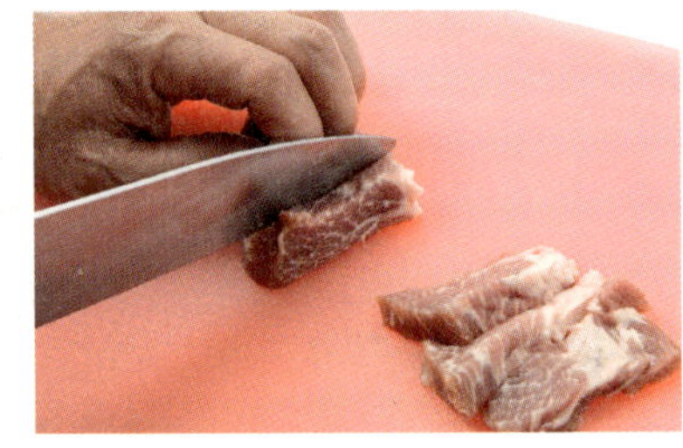

결과 나란히 썰기

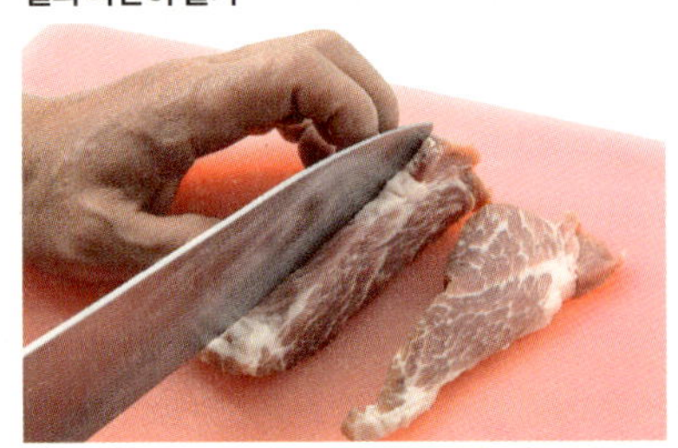

칼질에도 기술도 필요하다

고기를 썰 때에는 칼을 톱질하듯 썰어내면 안 된다. 톱질하듯이 썰면 결이 매끄럽지 않고 고기가 부서지며 지저분해진다. 한 번
칼을 넣어 1/3 정도 썰고, 이후 두 번째 칼에 힘을 주어 끊어 내는 것이 좋다.

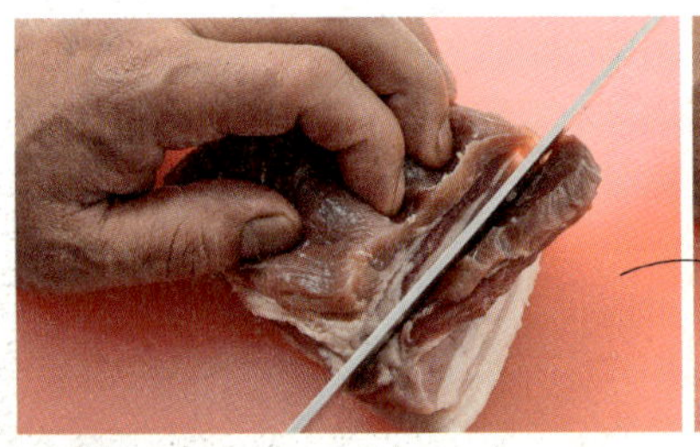
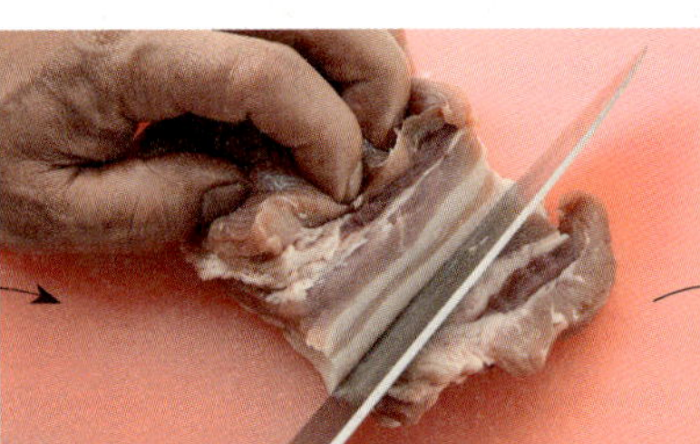
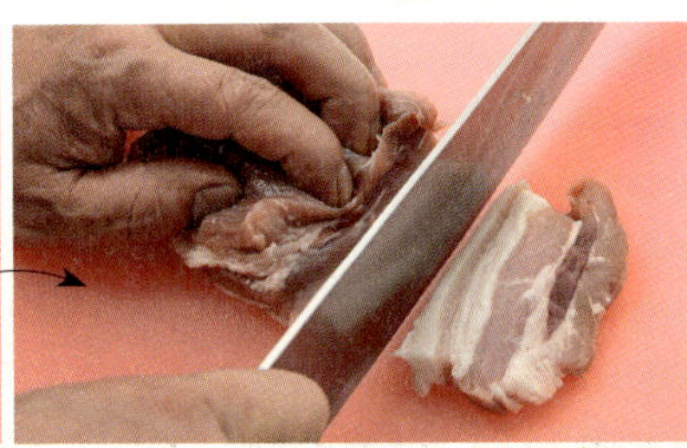

적당한 두께로 썰기

프라이팬 구이용

프라이팬에 구울 때는 5mm 정도가 적당하다. 고기가 너무 두꺼우면 겉은 타고 속은 덜 익는 경우가 있으며 육즙이 빠져 고기의 풍미를 느끼지 못하게 된다.

tip 보통 정육점에서 원하는 두께로 썰어주기도 하지만, 가정에서 자를 때는 검지를 옆으로 뉘인 높이가 약 7mm 정도 되므로, 이를 기준으로 썰면 된다. 또 나무젓가락을 대고 썰면 약 5mm 정도 되는 고기를 썰 수 있다.

주물팬 돌판이나 숯불과 석쇠, 그릴팬 구이용

고기의 두께가 7mm 정도가 적당하다. 돌판은 프라이팬에 비해 오래 달구어야 하고 한번 달궈지면 식는 데 오랜 시간이 걸리므로 고기가 얇을 시 고기의 수분이 다 날아가 과자처럼 딱딱하게 될 수 있다. 돌판에 올려두고 느긋하게 잔열로 따뜻하게 유지하며 먹고자 할 때는 7mm가 딱 좋다.

수육용

덩어리를 세로 5cm, 가로 8cm 정도로 썰어 사용한다. 가로 면에서 봤을 때 고기의 결 방향이 길게 보이도록 썬다. 덩어리 고기를 삶은 뒤 한입 크기로 썰 때 고기 결 반대 방향으로 썰었을 때 부드러운 맛을 느낄 수 있기 때문이다.

두툼한 구이용

1~1.2cm 정도로 썰어도 씹히는 맛이 정말 좋은데, 일반 가정용 가스불로 골고루 익히기가 쉽지 않은 단점이 있다. 두꺼운 고기를 즐기고 싶다면 정육점에서 돈가스처럼 연육기에 한 번 넣어 칼집을 내 달라고 할 것. 칼집을 넣으면 고기를 구웠을 때 수축도 덜하고, 소금이나 양념을 더할 때 속까지 골고루 배는 효과까지 있다. 연육기 대신 고기 망치나 파채 전용칼, 포크를 이용하는 것도 방법이다. 고기를 도마에 올려놓고 파채 칼로 칼집을 넣고, 포크로는 고기를 여러 번 쿡쿡 찌르면 된다. 칼질에 자신이 있다면 칼을 45도 각도로 뉘어 고기의 앞뒤로 다이아몬드 모양이 나오도록 칼집을 넣으면 된다.

불고기용

일반 전골이나 뚝배기에 익힐 때 사용하는 고기는 2.5~3.5mm 정도의 두께가 잘 익고 양념 맛이 잘 밴다. 단, 숯불에 굽는 경우에는 강한 화력과 수축을 감안해 4~5mm 정도의 두께가 적당하다.

국물요리용

1 쇠고기뭇국, 미역국 등은 주로 양지머리를 넣어 끓이는데, 국에 들어가는 고기는 한입으로 먹기 부담 없는 크기가 좋으며, 너비는 2×5cm, 두께 0.7cm로 썰면 적당하다.

2 홍두깨, 사태 등과 같이 고기를 덩어리째 사용할 경우에는 15×15cm 정도 크기로 널찍하게 썰어 넣어 장시간 삶아 건지고 결대로 찢어 다시 조리한다.

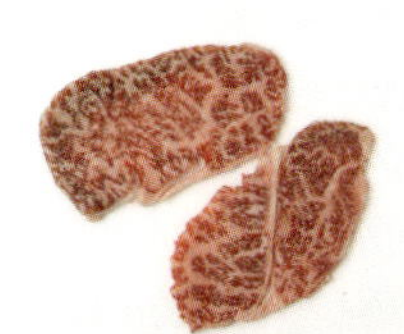

3 간편하게 불고기용 처럼 얇게 저며 썰어 국을 끓이면 부들부들한 고기 맛을 볼 수 있다.

고기를 맛있게 굽고 끓여줄
팬·냄비
4 뚝배기
3 돌판
5 전골팬
1 스테인리스 스틸 프라이팬
1 코팅 프라이팬
6 냄비
2 주물팬

1 프라이팬

프라이팬은 바닥이 얇아 열전도율이 높기 때문에
단시간 안에 빠르게 조리할 수 있고 불조절로 센
불과 약한 불을 자유자재로 쓸 수 있어 편리하다.
팬 위에 요리 양이 70%를 넘지 않도록 적절히
나눠 조리해야 조리 시간을 단축할 수 있고 요리
맛도 제대로 낼 수 있다.
가정에서 흔하게 사용하는 종류로 코팅
프라이팬과 스테인리스 스틸 프라이팬이 있다.

코팅 프라이팬은 가볍고 고기가 쉽게 들러붙지
않아 관리가 편하다. 단, 코팅은 벗겨졌을 경우
주기적인 교체가 필요하므로 구입 시 오랫동안
깨끗하게 사용할 수 있는지, PEOA는 검출되지
않는지 등 코팅 기술력과 내구성, 안전성 등을
종합적으로 고려하는 것이 좋다. 또 코팅은 한번
벗겨지면 복원할 수 없으므로 스테인리스 스틸로
된 조리 도구 대신 실리콘이나 나무 등의 조리
도구를 사용해야 한다. 요리하기에 적당한 온도를
알려주는 열센서 무늬가 있는 팬을 고르면
편리하다.

스테인리스 스틸 팬은 열 전도율이 높아 조리
시간이 단축되며, 기름을 소량 사용할 수 있고, 저
수분 요리가 가능해 고기나 곁들이 재료 본연의
맛과 영양을 충분히 살릴 수 있다. 수명이
반영구적이고 녹슬지 않는다. 단, 예열하지 않으면
음식이 눌어붙으므로 예열법을 숙지해야 한다.
물을 살짝 뿌려봤을 때 칙~하고 증발해 버리면
아직 예열이 덜 된 것이다. 물방울이 구슬처럼 맺혀
미끄러지듯 돌아다니면 조리를 시작해도 된다는
신호이다. 이 상태에서 기름을 살짝 두르고 불
조절을 하며 요리하면 된다. 온도가 빨리
올라가면서도 일정하게 오래 유지되는 스테인리스
팬의 경우 스테이크처럼 두꺼운 재료를 단시간에
고루 익힐 때 제격이다.

2 주물팬

고기용 주물팬은 사각형과 원형 두 가지가 있다.
사각형은 대부분 음식점에서 사용한다. 음식점은
화력이 좋으므로 사각팬 전체에 고르게 열이
전달되지만, 가정에서 사용하는 가스불의
세기로는 사각 팬에 열이 고루 전달되기 어렵기
때문에 원형팬이 편하고 안전하다. 구이를 할 때는
그릴형이 모양도 좋지만 기름이 잘 빠지므로
추천한다.

3 돌판

돌판은 열기를 골고루 오래 품고 있으며 불을 끈
다음에도 열이 오래 보존되어 음식을 식지 않고
뜨겁게 먹을 수 있는 것이 장점이다. 단, 무겁고
달구는 데 시간이 오래 걸린다.

4 뚝배기

뚝배기는 무엇보다 뜨거운 온도를 유지하는
성질을 지녀 냄비에 한꺼번에 많이 끓인 것을 1인
뚝배기에 덜어서 각자 내 주면 좋다. 국물이 더욱
맛있게 느껴지기도 한다. 또 조리할 때 재료에 열을
균일하게 전달해 음식에서 깊은 맛이 나며, 자주
뒤적이지 않아도 음식이 골고루 익는다. 단,
뚝배기는 미세 균열로 인해 세척할 때 세균이나
오염물을 머금고 있다가 요리를 할 때 스며든다.
쌀뜨물이나 밀가루 푼 물로 설거지를 하고, 세제를
사용해 닦았다면 요리하기 전 빈 뚝배기에 물을
넣고 가열한 다음 사용하는 것이 최선이다.

5 전골팬

주로 전골식 불고기, 콩나물 불고기, 즉석
제육볶음과 같이 국물이 자작하게 있는 고리
요리를 할 때 전골팬을 사용한다. 재질로는
스테인리스와 주물이 있다. 주물은 열전도율이
높아 열을 빨리 흡수하고, 보온성이 좋아 열을
오래 유지한다. 따라서 빠른 시간에 조리를 할 수
있어 영양소 파괴가 적다. 재료에서 나오는 수분이
적게 증발해 저수분 요리도 가능하다. 단, 녹이
생기기기 쉬우므로 세척 후 꼭 물기를 닦고 기름을
발라 신문지로 포장하여 보관하는 것이 좋다.
스테인리스는 주물에 비해 가볍고, 보관하기가
용이하다. 또한 산과 염분에 강하기 때문에
안전성이 높은 편이라 할 수 있다.

6 냄비

고기 요리를 할 때 사용하는 냄비는 바닥이 두껍고
뚜껑이 있어야 한다. 조리를 하다가 탄 냄비는 세척
시 콜라를 잠길 정도로 부어 약한 불에서 15분간
끓인 다음 식을 때까지 둔다. 콜라가 식은 후에
수세미에 세제를 묻혀 닦으면 깨끗이 제거할 수
있다. 베이킹소다를 물에 풀어 끓여 닦아도
효과적이다.

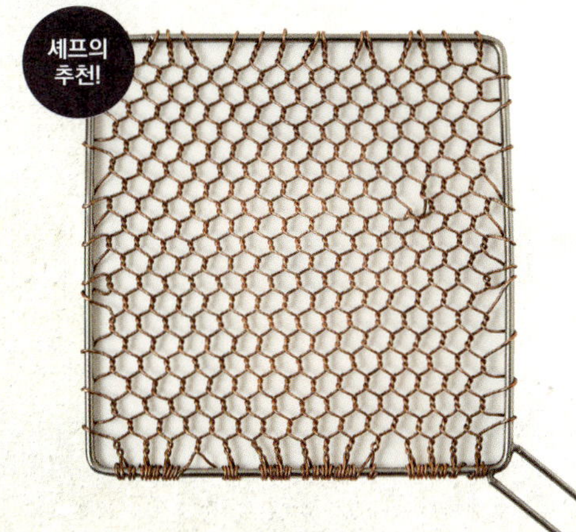

최적의 구이용 도구, 석쇠

석쇠는 동판 석쇠와 스테인리스 석쇠 등이 있다. 일반적으로
사용하는 스테인리스 석쇠가 가격도 적당하고 사용하기
편하다. 하지만 고기를 구울 때 잘 달라붙고, 쉽게 변형이 되며
세척 시에도 불편한 편이라 자주 바꾸게 된다. 동판 석쇠는
스테인리스 석쇠에 비해 가격이 좀 비싼 편이지만 열전도율이
좋고 쉽게 모양이 변형되지 않으며 오래 사용할 수 있다. 특히
숯불로 사용하기에는 가장 적합한 석쇠이다. 무게는
스테인리스보다 훨씬 무겁다. 동판 석쇠는 보통 그릇
유통업체에서 구할 수 있다.

고기 요리를 위한
스마트한 도구들
2 식힘망
1 칼
3 파채 전용칼
4 도마
5 거름망
7 붓
3 고기용 망치
6 집게
8 토치

1 칼

고기용 칼과 채소용 칼은 구분해
사용하는 것이 위생적이며, 고기용 칼은 특히
재질이 단단하고 녹에 강한 스테인리스 스틸을
주원료로 만든 칼을 고른다. 칼날의 길이는
10~30cm, 칼은 날카롭게 갈아서 사용해야
고기를 잘 자를 수 있을 뿐 아니라 다칠 염려도
적다. 날카로운 칼은 베이더라도 무딘 칼보다
상처가 잘 아문다.

2 식힘망

스테이크나 좀 두꺼운 고기를 팬에 구운 뒤
올려놓고 식히는 판이다. 고기를 구우면서 겉면에
배어 나온 기름기나 약간의 육즙이 떨어지도록
하는 데 사용하며 이 과정에서 고기 안팎의 온도가
안정화하면서 육즙이 자리 잡도록 한다.

3 고기용 망치와 파채 전용칼

고기용 망치는 고기를 두드려 연하게 하고 두께를
일정하게 만들 때 사용한다. 파채 전용칼은 고기를
연하게 하기 위해 균일하게 칼집을 넣을 때
사용하면 편리하다.

4 도마

도마는 고기와 생선용 도마, 채소와 과일용 도마,
두 개를 따로 두고 사용해야 한다. 재질로는 나무,
플라스틱, 유리 등이 있다.
나무 도마는 다른 도마에 비해 음식이 잘 잘리고
손목과 칼날에 부담을 덜 주지만 상처가 잘 생기고
갈라져 그 사이로 음식물 찌꺼기가 끼기 쉽고,
그만큼 세균이 번식할 위험이 높다.
플라스틱 도마는 나무 도마와 달리 미세한 구멍이
없어 물기를 흡수하지 않지만 역시 상처가 잘 생겨
그 사이에 음식물 찌꺼기가 낄 염려가 있다.
칼날 자국이 나지 않는 유리 도마가 가장
위생적이지만 칼날이 쉽게 상한다는 단점이 있다.
재질이 어떤 도마든지 물기가 많으면 세균의
온상이 되기 쉬우므로 꼭 뜨거운 물에 헹군 다음
햇빛이 들고 통풍이 잘되는 곳에서 바삭 말려야
한다.

> **tip** 도마를 세척할 때에는 식품첨가물로 허가를 받은
> 락스와 세제를 부려 수세미로 따뜻한 물에 깨끗이 세척한 후,
> 햇빛에 말려두면 표백과 동시에 완벽하게 소독까지 할 수 있다.

5 거름망

고기 육수를 낼 때 양파나 파, 마늘 등의 재료를
거르는 용도로 사용한다.

6 집게

집게는 두툼한 고기 등을 안정감 있게 들거나
뒤집을 수 있다. 고기용 집게는 톱니처럼 생긴 것을
사용해야 미끄러지는 것을 방지할 수 있다.

7 붓

고기에 양념을 발라가며 구울 때 붓이 있으면
편리하다. 특히 실리콘 붓은 털빠짐 없이
위생적으로 사용이 가능하다. 사용 후에는 세제로
닦아 물기를 제거한 다음 키친타월에 싸서
보관하면 좋다.

8 토치

토치는 캠핑에서 숯불을 지필 때
필수 도구이다. 점화 똑딱이를 누르기만 하면 쉽게
불을 붙일 수 있고, 불꽃 세기 조절 밸브가 있어
가늘고 뾰족한 불꽃에서부터 부드럽게 퍼지는
불꽃까지 조절할 수 있다. 캠핑 이외에도 집에서
불맛을 더하고 싶은 요리가 있을 때 토치를
사용하면 편하다.

다양한 종류의 숯

숯은 여러 종류로 등급이 나뉘는데, 가능하면 백탄이나
비장탄을 사용하는 것을 추천한다.
백탄은 참숯을 말한다. 참숯은 참나무를 적당히 건조해서
만든 숯으로, 연소 시 냄새가 심하지 않은 것이 큰 장점이다.
기공이 많고 숯이 섬세하게 갈라짐이 있는 것이 좋다. 간혹
나무껍질이 남아 있는 숯이 있는데, 불을 피울 때 타닥타닥
소리가 나면서 튀고 연기도 발생해서 좋지 않다.
비장탄은 숯 중 가장 고급으로 친다. 숯을 정말 중요하게
생각하는 고급 업장이 아니고서는 잘 사용하지 않는다.
비싸기 때문이다. 비장탄으로 구우면 확실한 맛의 차이를
느낄 수 있다. 최근에는 불이 빨리 붙을 수 있게 착화제가
첨가된 숯도 출시되고 있지만, 불 피우기가 힘이 들어도
가공하지 않은 숯이 가장 좋다.

고기 태우지 않도록 굽는
숯불 지피기

의외로 초보자가 숯불을 지피기가 쉽지 않다. 게다가 숯불이 붉게 될 때까지 기다리지 못하고 고기를 올렸다가 속은 익지 않고 겉은 탄, 그을음 가득한 고기를 맛본 이들도 많을 것이다. 불을 붙이기는 어렵지만, 일단 붙으면 화력이 세고 오래 지속되며, 숯으로 구운 고기는 특별한 향기가 더해져 직화구이 특유의 풍미를 갖춘다. 차분한 마음으로 아래 순서에 따라 붉은 숯불을 예쁘게 만들어보자. 그 다음부터는 고기를 올려도 쉽게 타지 않고 은은하게 제대로 불맛을 내며 골고루 익은 고기를 맛볼 수 있다. 최소 고기를 굽기 30분 전부터 불을 피우기 시작하자.

숯은 참숯을 사용하는 것이 좋다. 불이 빨리 붙지 않아 불편한 점이 있지만 가공하지 않아 연소 시 냄새가 심하지 않은 것이 장점이다. 숯의 중량은 500g 정도면 3~4인분, 한 시간 정도 고기를 구울 수 있다. 숯이 꺼져 갈 즈음에는 잔열로 버섯, 채소, 가래떡 꼬치, 바나나, 파인애플 등의 과일 등을 구우면 적당하다.

tip 불씨가 잘 안 붙을 때
석쇠 위에 숯을 올린 후 휴대용 가스레인지에 놓고 불을 붙이면 쉽게 숯불을 피울 수 있다.

고기 맛있게 굽기 위한 Q&A

Q — 잘라서 구울까?
굽고 자를까?

A — 고기는 익은 다음에 잘라야 구울 때 육즙이 많이 빠지지
않아 맛있으며, 가위질도 더 잘 된다.

Q — 소금 뿌릴까?
말까?

A — 돼지고기는 미리 소금을 뿌려 고기를 익히면 삼투압
작용에 의해 고기가 쫄깃해지고 간이 배어나온다.
단, 숯불에 구울 때는 볶은 천일염(36페이지 참고)을 뿌려
조리하는 것이 맛있고, 팬에 구울 때는 숯불에 굽는 것보다
짜질 수 있으므로 소금을 한꼬집 정도로 정말 약간만
뿌린다. 쇠고기는 단백질이 돼지고기에 비해 훨씬 많으며
익으면 마치 간을 한 듯 맛이 배어 있으므로 다 익힌 다음에
기호에 따라 소금에 찍어 먹을 것.

Q — 어느 시점에 뒤집을까?

A — 고기를 구울 때는 3.3.3 법칙이 있다. 불판을 센 불에 3분
달구고, 고기를 올려 총 3분간 굽는데, 3번을 뒤집는다.
시간 재는 것이 어렵다면, 팬 위에 손을 올려 열기가
느껴지는지 확인한 다음 고기를 살짝 올려본다.
치이익 소리와 함께 연기가 나면 충분히 달궈진 상태이다.
윗면에 육즙이 송글송글 맺히면 한번 뒤집어 익히고,
노릇해지면 다시 뒤집었다가 먹는다.

Q — 팬에 구울까?
돌판에 구울까?

A — 취향과 상황에 따라 다르겠지만 가스불보다는 숯불에,
프라이팬보다 돌판이나 주물팬, 석쇠에 굽는 것이 고기의
고소한 맛과 풍미를 제대로 즐길 수 있다.

Q — 밑간 먼저 해둘까?
바르면서 구울까?

A — 갈비나 불고기, 그리고 좀 질긴 앞다릿살 같은 부위는 먼저
맛술과 설탕을 섞은 밑간 양념을 해 숙성해 두었다가
조리하면, 고기의 누린내를 없애고 식감을 부드럽게 하는
데 도움이 된다. 또한 기본 간이 고기 속까지 배어들어
요리의 맛을 한층 살려준다.
미리 양념해 재우는 과정을 생략하고 고기를 굽다가
양념을 할 경우 고기가 익으면서 생기는 물기에 양념이
희석되어 간이 잘 배지 않거나 겉도는 느낌이 들 수 있다.
번거롭다고 생략하지 말고 30분 정도만 투자해 고기를
재워두자. 고기와 양념이 잘 어우러져 씹을수록 맛있는
양념고기를 완성할 수 있다.
단, 밑간 양념에 참기름이나 들기름 종류의 기름 재료는
절대 넣지 말 것. 고기에 코팅이 되어버려 양념장 맛이 잘
배지 않는다. 제육볶음이나 두루치기처럼 센 불에 빠르게
조리하는 볶음 요리는 수분이 많이 생기지 않으므로
직전에 버무려서 바로 볶아도 맛있다.

오래도록 잘 쓰기 위한
도구 세척 및 관리법

팬 및 석쇠 깨끗하게 닦기

논스틱 코팅 처리가 돼 있는 팬은 잘 눌어붙지 않는 편이지만 양념 고기를 조리하고 나면 섬세한 세척이 필요하다. 눌어붙어 있는 것을 수세미로 바로 문지르면 코팅이 벗겨질 수 있기 때문. 석쇠 역시 바로 문질러 씻는 것보다 따뜻한 물에 적당시간 불리거나 치약을 활용하는 편이 깨끗할 뿐 아니라 쉽게 세척할 수 있다. 세척에도 요령이 있는 법. 올바른 세척 법을 익혀두자.

프라이팬이나 주물팬, 돌판

1 팬을 불에 올려 센 불로 달궈 기름기나 불순물이 녹으면,

2 불에서 내려 키친타월로 한 번 닦아내고,

3 다시 뜨겁게 달군 다음 남은 소주나 물을 약간만 부려 키친타월로 닦아내고,

4 부드러운 스펀지에 세제를 묻혀 나머지 이물질을 제거하면서 물로 씻는다.

석쇠

1 사용한 석쇠를 불 위에 올리고 토치도 함께 활용해 남은 찌꺼기가 불에 타 없어지도록 하고,

2 태운 석쇠를 탁탁 쳐서 찌꺼기를 툭툭 털어내고,

3 쇠브러시나 철수세미로 문지르고,

4 철수세미에 주방세제를 묻혀 한 번 더 닦아 기름때까지 제거한 다음 물로 헹군다.

tip 마모되어 사용하지 않는 칫솔에 치약을 묻힌 다음, 석쇠 위를 문지르며 닦으면 좀 더 새것 같은 상태가 된다.

"

칼을 오래도록 잘 쓰기 위한 칼 갈기

칼갈이의 종류에는 '숫돌'과 정육점에서 주로 사용하는 '줄(야스리)'가 있다. 참고로 숫돌은 사용하기 2시간 전에 물에 불려 놓았다 사용한다. 사용을 하고 나서도 물에 담가 놓아야 숫돌과 칼 동시에 오래 사용할 수 있다. 숫돌에 칼을 연마할 때 숫돌과 칼의 마찰로 열과 부산물이 나오게 되는데, 물에 불려 사용하면 물이 완충작용을 하여 부드럽게 칼을 연마할 수 있다.

줄로 갈 경우

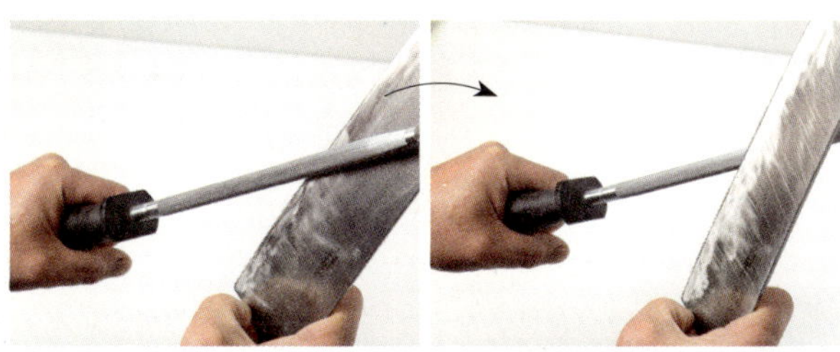

1 오른쪽으로 3-4회 문지르고,

2 칼을 뒤집어 비스듬하게 3-4회 정도 갈고, 뒤집어 같은 과정을 한 번 더 반복한다.

숫돌로 갈 경우

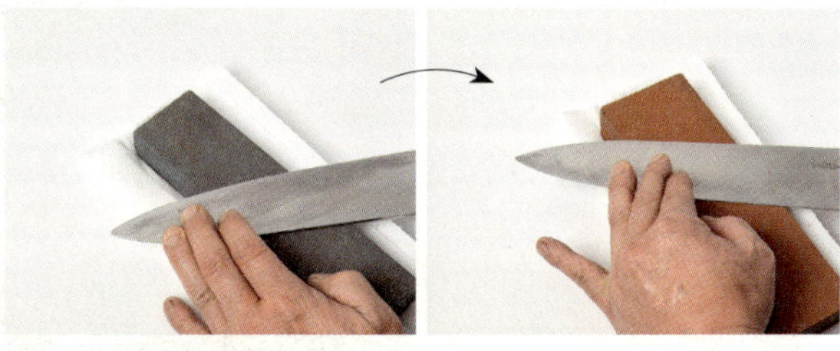

1 먼저 면이 거친 500방짜리 숫돌에 칼의 오른쪽 면을 대고 3-4회 문질러 날을 세우고,

2 1000방짜리 숫돌로 바꿔 칼을 뒤집어 비스듬하게 3-4회 정도 갈아 칼의 면을 부드럽게 한다.

> **tip** 500방짜리 숫돌(회색)은 면이 거치므로 초벌로 기본 날을 가는 데 사용하고, 1000방짜리 숫돌(황토색)은 면이 부드러워 칼날을 부드럽게 다듬어 세워주는 역할을 한다.

올바른 칼 세척 요령

1 칼을 사용하고 난 뒤에나 칼을 갈고 난 다음, 주방세제를 스펀지에 묻혀 차가운 물로 먼저 씻고 뜨거운 물로 헹구고,

> **tip** 칼을 갈고 나면 열이 가해져서 물러지므로 차가운 물에 먼저 담가 열을 식힌 다음 뜨거운 물로 소독한다. 뜨거운 물로 먼저 씻으면 특유의 쇠 비린내가 뺄 수 있다.

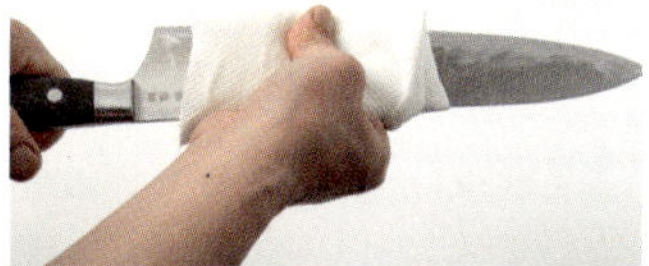

2 마른 행주로 물기를 닦고,

3 칼집에 45도로 꽂아 세워두고 칼날이 겹치지 않게 보관한다.

고기를 재우기 위해
미리 준비해 두는 마법의 양념

볶은 천일염

소금을 구워서 사용하면 소금에 남아 있는 쓴맛을 없애고 단맛과 감칠맛을 끌어올릴 수 있다. 특히 굵은 입자의 천일염은 미네랄이 많아 단맛이 좋고 영양적인 면에서 우수하다.

필수 재료
굵은 입자의 천일염

조리
1 프라이팬을 센 불로 달군 뒤 굵은 입자의 천일염을 팬에 평편하게 올려 중간 불로 나무주걱으로 저으며 볶고,
2 소금에 물기가 없어지면 약한 불로 줄여 5분간 저어가며 볶아 마무리. 다 볶아진 소금은 가벼워진 느낌이 난다.

만능간장

한 번에 많이 만들어 냉장 보관해두면 6개월은 든든하다. 기본의 돼지고기 양념구이는 물론 멸치볶음, 어묵볶음, 우엉조림, 떡볶이, 떡갈비 등 다양한 요리를 간편하게 완성할 수 있다.

필수 재료
생강(5쪽), 통마늘(15쪽), 건고추(4개), 사과(1/2개), 배(1/2개), 레몬(1/2개), 대파(30cm), 양파(1/2개), 물(3컵), 다시마(1장=10×10cm), 통후추(2), 간장(2.5컵), 설탕(0.5컵), 물엿(0.7컵)

조리
1 생강은 껍질을 벗겨 2등분하고, 마늘은 반 가르고, 건고추는 꼭지를 따고 2등분하고,
2 사과, 배, 레몬, 대파, 양파는 각각 4등분하고,
3 냄비에 간장, 설탕, 물엿을 제외한 재료를 모두 넣어 센 불로 바글바글 끓여 1/3 분량으로 줄어들면 채소는 건져 버리고,
4 간장, 설탕, 물엿을 넣어 센 불로 5분 정도 끓이고 약한 불로 줄여 10분간 더 끓인 다음 불을 꺼 식혀 마무리.

황금 비율의 불고기양념

황금 비율의 불고기양념만 만들어두면 서울식 옛날 불고기, 뚝배기 불고기, 불고기 전골 등을 후다닥 만들 수 있다. 양념은 냉장 보관하면 15일 정도 사용할 수 있다. 준비할 재료 중 설탕:간장:물=1:1:7의 비율을 기억해두면 쉽다.

필수 재료
배(1/3개), 양파(1/2개), 간장(0.5컵), 황설탕(0.5컵), 물(3.5컵), 후춧가루(0.4), 맛술(1), 통깨(1)

조리
1 배와 양파는 껍질을 벗기고 큼직하게 썰어 믹서에 넣어 곱게 갈고,
2 나머지 재료들과 골고루 섞어 밀폐용기에 담아 냉장 보관해 마무리.

즉석마늘고추장을 활용한 약고추장 만들기

약고추장은 캠핑이나 해외여행을 갈 때에 만들어 가면 요긴하게 쓰인다. 별다른 반찬 없이도 밥 한 그릇을 뚝딱 할 수 있다.

필수 재료 _ 참기름(2), 쇠고기 간 것(1컵), 즉석고추장(2컵), 배즙(1컵), 꿀(3), 간장(3)

선택 재료 _ 잣(2), 통깨(3)

조리

1-센 불로 달군 팬에 참기름을 두르고 쇠고기를 넣어 볶다가 고기가 익으면,

2-약한 불로 줄인 다음 나머지 재료를 모두 넣어 골고루 섞이도록 저으며 볶고,

3-먹기 직전에 잣을 다져 올리고, 통깨도 뿌려 마무리.

비법 갈비양념

갈비양념의 비법은 간장, 물 등을 포함한 수분:당분의 비율을 지키는 것이다. 과일을 면포에 걸러 양념을 하면 맛이 깔끔하며 연육작용을 한다. 간혹 파인애플이나 키위를 사용하기도 하는데, 조금만 많이 들어가도 고기가 흐물거리니 주의한다. 소량의 고추장을 넣으면 감칠맛을 더해준다.

필수 재료

배(1개), 양파(1개), 간장(1컵), 물(5컵), 흑설탕(1컵), 물엿(0.7컵), 고추장(1), 후춧가루(0.5), 콜라(0.5컵), 맛술(2), 다진 마늘(3.5), 다진 생강(0.5), 캐러멜시럽(0.5), 소주(1), 통깨(2)

조리

1 배와 양파는 껍질을 제거하고 큼직하게 썰어 믹서에 곱게 간 다음 면포에 담아 즙만 거르고,

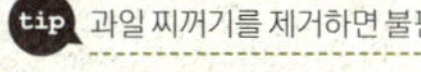 **tip** 과일 찌꺼기를 제거하면 불판이 타는 것을 방지하며 갈비구이가 깨끗하다.

2 나머지 재료를 넣어 골고루 섞은 다음 밀폐용기에 담아 냉장 보관해 마무리.

고기 맛 돋우는, 육장

육장은 쇠고기 불고기를 먹을 때 곁들이 소스로 먹기도 하지만, 갈매기살, 돼지갈비, 목살 등을 간장 주물럭으로 조리할 때 참기름과 깨소금까지 더해 양념장으로 사용해도 좋다. 육장(0.5컵)에 연겨자(1)를 섞고 채 썬 양파, 다진 청양고추 등을 더해도 맛있다.

필수 재료

배(1개), 사과(2개), 대파(30cm), 양파(1개), 통생강(2쪽), 통마늘(10쪽), 흑설탕(1컵), 소주(0.5컵), 간장(2컵), 건고추(3개), 물(5컵)

조리

1 배, 사과, 대파, 양파는 깨끗이 씻어 껍질째 4등분하고,

2 냄비에 재료를 모두 넣어 중간 불로 40분 정도 끓이고,

3 건더기는 건져낸 다음 식혀서 냉장 보관해 마무리.

즉석마늘고추장

즉석마늘고추장은 고기와 영양이나 맛의 궁합이 잘 맞고, 특히 돼지고기 삼겹살을 양념구이 할 때 활용하면 맛있다. 마늘의 단맛과 향이 좋아 비빔밥이나 멸치볶음의 양념으로도 잘 어울린다. 만들어서 바로 먹어도 되며, 밀폐용기에 담아 냉장 보관하면 3개월 정도 먹을 수 있다.

필수 재료

통마늘(15쪽), 물(5컵), 물엿(2컵), 볶은 소금(7), 고운 고춧가루(3컵), 메주가루(0.8컵),

선택 재료 _ 포도주(0.5컵)

조리

1 믹서에 마늘과 물(2컵)을 넣어 아주 곱게 갈고,

2 냄비에 물(3컵)을 붓고 마늘 간 것을 넣어 중간 불로 5분 정도 끓이고,

3 물엿, 소금을 넣어 약한 불로 2분 정도 저어가며 끓이고,

4 불을 끄고 미지근하게 식으면 고춧가루, 메주가루를 넣어 골고루 저어가면서 뭉치지 않도록 풀고,

5 포도주를 부어가며 골고루 섞고 농도를 조절해 마무리.

감칠맛을 더해줄
국물 요리용 육수 만들기

육수 끓이는 일이 번거롭고 어렵다고 생각되지만, 잘 끓인 육수의 감칠맛은 그 어떤 조미료도 따라올 수 없다. 소량씩 만드는 것보다 한 번에 넉넉하게 만들면 훨씬 깊은 맛이 나고, 소분해서 냉장실이나 냉동실에 보관해두었다가 사용하면 수월하다.

쇠고기 육수

한식에서 가장 기본이 되는 것이 쇠고기 육수다. 쇠고기에 물을 붓고 가열하면 수분과 지방이 제거된다. 그리고 당분이 캐러멜화되면서 단맛이 응축된다. 이것이 쇠고기 육수가 가진 감칠맛의 정체다. 보통 쇠고기 육수에는 양지를 사용한다. 소의 목에서 갈비에 이르는 부분으로, 운동량이 많아 근섬유와 지방이 골고루 있다.

필수 재료
쇠고기(양지머리 600g), 대파(30cm×2대), 양파(1개), 무(8cm), 통마늘(10쪽), 통생강(3쪽), 통후추(1), 물(2L=10컵)

핏물 제거용 재료
물(5컵), 설탕(2)

손질
1 양지머리는 7cm 너비로 썰어 핏물 제거용 재료에 2시간 이상 담가 놓았다 건지고,
2 대파는 뿌리에 있는 흙만 깨끗이 씻어 길이를 2등분하고,
3 양파는 깨끗이 씻어 2등분하고, 무는 두께 2cm로 둥글게 썰고,
4 마늘은 2등분한 다음 칼등으로 으깨고,

조리

5 냄비에 물(10컵)과 핏물을 제거한 양지머리를 넣어 센 불로 1시간 정도 끓이고,

6 끓으면서 올라오는 부유물은 국자로 깨끗이 걷어내고,

tip 볼에 깨끗한 물을 받아두어 국자를 헹궈가며 건지면 편하다.

7 졸아든 만큼 물을 더 부어 중간 불로 30분 끓이고, 부유물은 거름망으로 다시 한 번 걷어내고,

tip 부유물을 깨끗이 걷어내야 텁텁한 맛이 없어지고 깔끔한 쇠고기 육수를 만들 수 있다.

8 석쇠에 손질한 채소를 올려 가스불로 3분 정도 뒤집어 가며 구워내고,

tip 채소를 구워서 육수에 넣으면 단맛이 잘 우러나고 채소 특유의 쓴맛과 텁텁한 맛을 줄일 수 있다.

9 육수에 구운 채소를 넣어 중간 불로 30분간 끓이고,
10 고기와 채소를 모두 건져낸 뒤 면포에 육수를 걸러 차갑게 식혀 기름기를 걷어내고 냉장 보관해 마무리.

tip 육수를 낼 때에는 채소를 넣고 30분 이상 끓이지 않는 것이 좋다. 채소를 오래 끓일 경우 육수가 탁해지고 채소의 쓴맛까지 우러난다.

쌀뜨물

쌀을 물에 씻으면 으레 물이 부옇게 되는데, 이를 쌀뜨물이라 한다. 쌀을 씻을 때 처음 나온 쌀뜨물은 농약이나 먼지, 불순물이 있어 요리에는 사용하지 않지만, 화초에 거름으로 부어주면 천연영양제가 된다. 요리에 사용하는 물은 두 번째, 세 번째에 씻은 물이다. 쌀뜨물은 비린내를 없애주는 역할도 하며, 요리에 이용하면 구수한 맛을 내주어 육수 재료로도 많이 이용한다.

필수 재료
쌀(2컵)

조리

1 볼에 쌀을 넣고 흐르는 물을 받아 첫 번째 씻은 물은 재빨리 버리고,

tip 빠르게 헹구지 않을 경우 쌀에 묻어 있던 먼지나 이물질들이 쌀눈 안으로 들어갈 수 있다.

2 두 번째로 씻은 물과 세 번째로 씻은 물을 빈병에 담아 냉장 보관해 마무리.

tip 보관해두면 전분기가 가라앉기 때문에 충분히 흔들어서 사용한다.

멸치다시마 육수

멸치는 잡자마자 삶아서 말리는데, 모양이 일정하게 반듯한 것보다 자연스럽게 구부러지고 표면에 은빛 비늘이 있는 것이 냉동하지 않은 자연산이다. 오래된 것은 색이 검고 표면에 기름기가 배어 나와 육수로 사용하면 비린 맛이 난다. 멸치 육수는 비린 맛이 나지 않게 조리하는 것이 중요한데, 멸치를 마른 팬에 볶거나 전자레인지에서 수분을 날린 후 요리한다. 멸치의 내장은 쓴맛이 나니 떼어내고 볶을 것.

필수 재료(육수 10컵 분량)
국물용 멸치(20마리), 다시마(1장=10×10cm), 건고추(3개), 무말랭이(80g), 건새우(100g), 건표고버섯(6개), 대파(30cm), 양파(1개), 물(2L)

손질

1 멸치의 머리와 내장을 제거하고,
2 다시마, 건고추, 무말랭이, 건새우, 건표고버섯은 키친타월로 살짝 닦고,
3 대파는 뿌리에 있는 흙만 깨끗이 씻어 길이를 2등분하고,
4 양파는 깨끗이 씻어 2등분하고,

조리

5 센 불로 달군 팬에 멸치를 넣어 1분 정도 볶아내고,

tip 수분을 날리면 비린 맛이 없어지고, 고소해진다.

6 큰 냄비에 손질한 재료를 모두 넣어 센 불에서 끓어오르면 바로 다시마는 건지고,

tip 다시마는 오래 끓이면 텁텁한 맛이 우러나므로 바로 건지는 것이 좋다.

7 약한 불로 줄여서 15분 정도 더 끓인 다음 건더기를 모두 건져버리고,
8 육수를 식힌 후 면포에 걸러 병에 담아 냉장 보관해 마무리.

곁들이 구이 재료

두부

고기가 구워지면 가장자리로
고기를 밀어두고 삼겹살의
기름에 두부를 두께 1㎝로
썰어 올려 노릇하게 구워
먹는다.

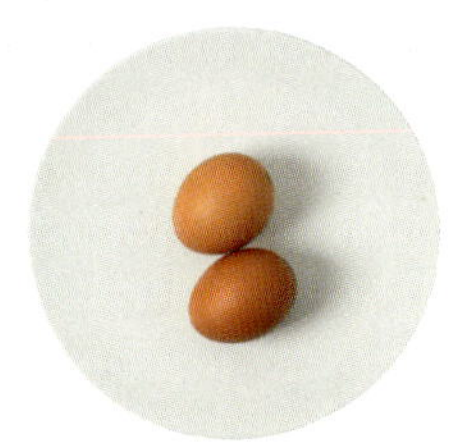

달걀

달걀을 풀어 소금과
후춧가루로 간한 뒤 삼겹살을
다 구워 먹고 남은 기름에 부어
스크램블이나 프라이를 해
먹어도 맛있고, 남은 버섯과
신김치, 콩나물 등을 잘게
잘라 넣어 달걀말이를 해서
먹어도 좋다.

감자 or 고구마

동그란 모양을 살려 두께
6mm로 썰어 고기와 함께
팬에 올려 굽는다. 고기에서
나오는 기름에 익히면 훨씬
고소하고 단맛이 난다.

단호박

껍질째 깨끗이 씻고 반 갈라
숟가락으로 씨를 긁어낸 뒤
7~8mm 두께로 길게 썬다.
불판 가장자리에 올려
은근한 불로 익힌 다음
고기와 곁들여 먹거나 그냥
먹어도 좋다.

묵은지 or 신김치

김치의 소를 탈탈 털어낸
다음 고기를 구워 먹은 팬의
기름으로 볶아 먹는다.
신김치와 삼겹살, 목살 등의
돼지고기는 궁합이
최고라 할 수 있다.

숙주

고기를 구우면서 나오는
기름에 숙주를 넣어 살짝
볶으면 아삭한 식감이
고기와 잘 어울린다.

콩나물 무침

삶은 콩나물을 고춧가루와
다진 마늘, 참기름, 소금에
무친 다음, 삼겹살을 구울 때
함께 올려 젓가락으로
볶으면서 구우면 아삭한
식감이 고기와 어울려 특별한
맛을 낸다.

소시지

특히 석쇠와 숯불로 구이를 할
때 함께 구우면 자연스레
훈연향이 배어 풍미가 좋다.
소시지와 가래떡을 한입
크기로 썰어 번갈아가며
꼬치에 끼워 구워도 맛있다.

양파

양파는 고기를 먹을 때
생으로 먹으면 입안을
개운하게 해줘서 좋고,
익히면 단맛이 우러나서 그
나름의 맛을 즐길 수 있다. 또
동그란 모양을 살려 양파를
1~1.2cm로 두껍게 썰어
고기와 같이 굽다가 고기가
먹기 좋게 익었을 때 양파
위에 올려놓고 먹어도 좋다.

대파

뿌리를 잘라내고 깨끗이 씻어
흰 부분만 잘라 숯불 중앙에
올리고 대파 겉 부분이 골고루
까맣게 탈 때까지 굽는다.
검게 탄 부분을 한 겹 벗겨
하얀 속살만 먹는다.
기름장이나 소금을 찍어
먹으면 맛있다.

통마늘

꼭지를 제거한 통마늘을
포일컵에 넣고 참기름을
자작하게 채운 다음 불에
올려 구우면 마늘의 아린
맛이 없어지고 참기름의
고소한 맛이 어우러진 촉촉한
마늘을 맛볼 수 있다. 마늘은
국내산을 선택하는 것이
좋다. 매운맛이 덜하며
상대적으로 단맛과 향이 더
좋기 때문이다.

새송이버섯

새송이버섯은 원래 자연산
송이버섯 대용으로
재배되었다. 식감은 고기처럼
쫄깃하고 탄력 있으며, 다른
버섯에 비해 수분 함량이 적어
저장기간이 긴 것이 장점이다.
대와 갓의 구분이 확실하고
육질이 단단하며 탄력이 좋은
것으로 고른다. 키친타월에
싸서 밀봉한 다음 냉장실에
두면 2주간 보관이 가능하다.
5mm 두께로 모양을 살려 썬
다음, 숯불에 구워 먹으면
맛있는데, 불판의 가장자리에
올려 30초 있다가 수분이
생기기 시작하면 소금을 약간
뿌려 바로 먹는다. 버섯은 오래
구우면 수분 없이 바짝 마르니
주의한다.

양송이버섯

양송이버섯은 흰색에
동글동글한 것을 고르고,
마른행주로 살살 털어서
사용하는 것이 좋다. 물에
씻는다면 헹구는 정도로만
가볍게 씻어 물기를 얼른 닦아
수분을 제거해야 한다. 보관
기간은 5일을 넘지 않도록 할
것. 버섯의 밑동만 떼어내고 갓
안쪽 부분이 위로 올라오게
불판의 가장자리에 올려
굽는다. 양송이버섯 안에 물이
생길 때 소금을 약간 넣어 바로
먹는다.

CHAPTER 1

삼겹살구이

요즘에야 삼겹살도 '가볍게' 먹기엔 가격이 만만치 않지만, 20년 전쯤의 삼겹살은 소주와 짝을 이루며
주머니 가벼운 직장인들의 고단한 하루를 위로했던 서민의 상징 같은 음식이었다. 1980년대에 대중적인
외식 메뉴로 자리 잡았던 삼겹살구이는 2000년대 술술 고급화 경향을 보이며 한때는 와인삼겹살이니
녹차삼겹살이니 부재료를 더한 삼겹살이 유행하기도 했다. 요즘은 신선한 원육을 내세우는 삼겹살집이
대세다. 두툼한 삼겹살의 육즙을 살리는 구이법을 선호하는 것.
이제는 '국민 고기'라 할 만큼 흔한 삼겹살구이. 가족끼리 외식할 때는 물론 회식이나 야외 나들이, 혹은
캠핑 등 여럿이 모이는 자리에 삼겹살구이는 단골 메뉴다. 우리가 즐겨 먹는 삼겹살을 가장 맛있게 먹을 수
있는 구이 방법을 배워보자. 삼겹살은 돌판, 석쇠, 주물, 프라이팬 등 어디에 굽느냐에 따라, 또는 가스불,
숯불 등 불의 화력, 굽는 방법에 따라 그 맛이 확연히 달라진다. 더 맛있게 먹기 위해 곁들이는 반찬, 쌈장과
소스, 그리고 남은 삼겹살을 맛있게 마무리하는 별미 메뉴까지 담았다.

임성근이 추천하는 최고의 돼지고기 구이 부위, 삼겹살은!

삼겹살은 돼지 한 마리당 12kg 정도만 나오며, 제5 갈비뼈와 제6 갈비뼈에서 뒷다리까지 등심 아래 복부 부위를
말한다. 근육과 지방이 층층이 3계층이라 삼겹살이라 부르게 됐다. 양질의 고기인 삼겹살은 다른 부위에 비해 지방의
함량이 높지만 지방의 고소한 맛과 구수한 육질이 조화를 이루어 우리나라 사람들의 선호도가 높은 부위다. 갈비뼈가
붙어 있는 위쪽 부위의 살은 지방과 살이 적절히 교차되어 부드럽고 풍미가 뛰어나 구이용으로 좋으며, 제일 아래
부위의 살은 상대적으로 지방이 적고 육질이 단단해 수육이나 보쌈용, 다짐육용으로 제격이다. 삼겹살을 가장 맛있게
먹는 방법은 본연의 맛을 그대로 느낄 수 있는, 양념하지 않은 생구이다. 그 외에 양념구이나 수육, 보쌈 등으로도 즐겨
먹으며, 베이컨을 만들어도 맛있다.

삼겹살 프라이팬구이

가정에서 삼겹살을 구워 먹을 때는 주로 식사와 더불어 먹기 때문에 야외나 음식점에서처럼 오랜 시간 구울 수 없다. 따라서 삼겹살의 두께는 빠르게 바로 구워 먹을 수 있는 5㎜가 좋 다. 프라이팬에서 구울 때는 고기가 너무 두꺼우면 겉은 타고 속은 덜 익는 경우가 있고, 오래 구우면 육즙이 빠져 삼겹살의 풍미를 제대로 느끼지 못한다. 신김치의 소를 털어 고춧가루가 안 보일 정도로 물에 씻은 후 먹기 좋은 크기로 잘라 삼겹살구이에 쌈으로 곁들이면 맛있다. 너무 익어 신맛이 강한 김치의 경우 소량의 설탕과 참기름을 더하면 신맛과 쓴맛이 동시에 사라져 훨씬 더 맛있게 먹을 수 있다.

삼겹살구이

삼겹살 프라이팬구이

필수 재료 _ 두께 5㎜ 삼겹살(800g), 식빵(1장) **tip** 식빵은 먹고 남아서 냉동해 두었던 것으로 사용해도 좋다.

선택 재료 _ 양파(1개), 새송이버섯(2개)

1 양파는 1cm 두께로 동그랗게 썰고,
새송이버섯은 길게 4mm 두께로 썰고,

2 센 불에 팬을 3분 정도 달군 뒤 팬 가까
이에 손을 올려봐서 뜨거운 열기가 느
껴지면 삼겹살을 올리고,

3 팬 가운데 양파를 올려 함께 굽고,

4 3분 정도 구워 아랫면이 노릇해지고
윗면에 육즙이 땀방울처럼 송글송글
맺히면 삼겹살을 빠르게 뒤집고,

5 중간 불로 줄여 바닥 면이 노릇하게 될 때까지 3분 정도 더 굽고,

6 식빵이나 키친타월을 올려 기름을 흡수시키고,

7 가위로 5㎝ 길이로 자르고,

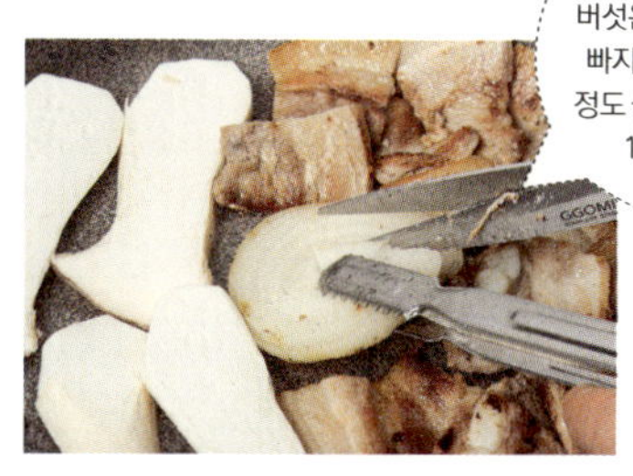
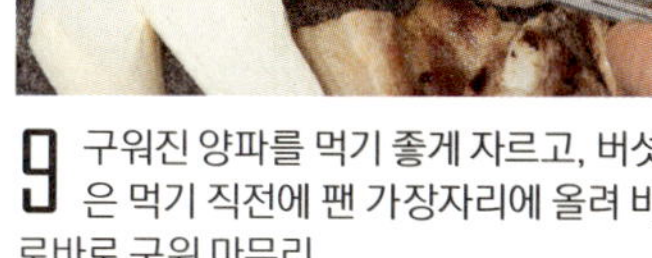

8 익은 고기는 가장자리로 밀어 놓고, 식빵을 빼고 불을 약하게 줄인 뒤 프라이팬 뚜껑을 덮어 2분간 더 두고,

9 구워진 양파를 먹기 좋게 자르고, 버섯은 먹기 직전에 팬 가장자리에 올려 바로바로 구워 마무리.

고기 육즙, 제대로 가두는 법

팬에 고기를 구울 경우에는 다 구워진 고기를 바로 접시에 담지 말고, 식힘망 같은 곳에 올려 1분 정도 둘 것. 구우면서 겉면에 배어 나온 기름기는 떨어지고 약간의 육즙이 스며들어 풍부한 육즙과 부드러운 고기를 맛볼 수 있다. 식힘망이 없다면 젓가락 두 개를 걸쳐놓고 그 위에 올려두는 방법도 있다.

삼겹살 돌판구이

돌판은 한번 달궈지면 식는 데 오랜 시간이 걸리고 불을 끈 후에도 돌판에 잔열이 남아 있기 때문에 두께 7㎜ 이하의
삼겹살은 빨리 먹지 않을 경우 수분이 다 날아가 과자처럼 딱딱해진다. 따라서 느긋하게 고기를 즐기고자 할 때에는 7㎜
정도 두께가 적당하다. 돌판도 종류와 두께에 따라 고기를 굽는 방법이 천차만별인데, 가장 일반적인 방법을 제안한다. 캠핑
또는 야외에서 먹을 때에는 시판 돌판 대신 판판한 대리석을 활용해도 된다.

4인분

필수 재료 _ 두께 7mm 삼겹살(800g)

선택 재료 _ 두부(1/2모=150g), 감자(1개=100g), 양파(1개=200g), 새송이버섯(1개), 신김치(5줄기)

손질

1 두부는 두께 1cm, 크기 5×5cm로 썰고, 감자는 두께 5mm로 동그랗게 썰어 물에 담가 전분기를 빼고, 양파는 두께 1.2cm로 동그랗게 썰고, 새송이버섯은 길쭉한 모양을 살려 두께 4mm로 썰고, 신김치는 양념을 털어두고,

조리

2 센 불에 돌판을 올리고 5분 정도 달궈 손을 올려봐서 뜨거운 열기가 느껴지면,

3 삼겹살의 지방 부분을 조금 올려 지방으로 돌판을 골고루 문질러 코팅하고,

4 연기가 살짝 나고 치이익 소리가 나면 돌판에 삼겹살을 올려 굽기 시작하고,

5 돌판 가운데에 감자와 양파를 올려 함께 굽고,

6 삼겹살 윗면에 육즙이 송글송글 맺히기 시작하고 바닥 면이 노릇하게 구워지면 뒤집어 굽고,

7 두부, 새송이버섯, 신김치도 가장자리에 올려 살짝 익혀 바로 접시에 덜거나 먹고,

8 불을 약하게 줄여 바닥면이 노릇하게 구워지면 고기를 5cm 길이로 결 반대 방향으로 자르고,

9 자른 고기를 가장자리로 옮기고 다른 삼겹살을 올려 같은 방법으로 굽고, 남은 고기가 10점 정도 남았을 때 불을 꺼 잔열로 고기를 익혀 마무리.

삼겹살 석쇠구이

캠핑장이나 펜션 등 야외 식사에서 가장 인기 많은 메뉴가 삼겹살 숯불구이다. 삼겹살을 석쇠에 올려 숯불에 구우면 기름기가 잘 빠져 한결 담백하다. 또한 숯불의 향이 고기에 배어 한층 깊은 풍미를 느낄 수 있다. 숯불구이는 직화로 고기를 굽는 방법이기 때문에 처음에 센 불로 구워 육즙을 가두어야 맛있다. 고기 두께는 7㎜ 정도가 적당하다.

삼겹살은 기름기가 떨어지면서 숯불이 활활 타올라 고기 표면에 그을음이 생길 수 있으니 주의한다. 석쇠를 툭툭 치면서 집게로 잠시 가장자리로 옮겨두었다가 다시 굽기 시작해도 좋다.

돼지고기
덜 익혀 먹어도 될까?

최근에는 돼지고기도 분홍빛을 살린 미디엄 굽기가 유행이다. 실제로 분홍색의 살코기가 남아 있고 육즙이 살아 있는 돼지고기는 매력적이다. 하지만 돼지고기에는 인체에 해로운 기생충이 살고 있어 반드시 익혀 먹어야 한다고들 하는데, 덜 익혀도 괜찮을까?

돼지 기생충은 1989년 이후 사라졌고, 감염자도 2004년 이후에는 완전히 사라졌다는 연구 결과가 나와 있다. 미국 농무부에서는 62℃에서 3분간 익혀 먹는 것이 육즙이 풍부하고 부드러운 돼지고기 요리를 먹을 수 있는 방법이라고 권장한다.

하지만 삼겹살을 덜 익혀 먹는 것은 추천하지는 않는다. 덩어리 지방이 많은 부위이기 때문에 미디엄 굽기가 그다지 매력적이지는 않다. 다만 마블링처럼 지방이 분포되어 있는 목살, 항정살이나 가브리살, 혹은 지방이 없는 안심이나 등심 등의 부위는 미디엄 굽기로도 충분히 맛있게 즐길 수 있다.

삼겹살 석쇠구이

필수 재료 _ 두께 7㎜ 삼겹살(800g)
선택 재료 _ 양송이버섯(12개), 통마늘(16쪽), 양파(1개=200g), 단호박(1/4개=200g), 대파 흰부분(7cm)
양념 _ 볶은 천일염 혹은 굵은 소금(적당량)

볶은 천일염은
페이지 36 참고

1 양송이버섯은 마른 행주로 표면을 깨끗이 털어내고 밑동을 떼고,

2 통마늘은 꼭지를 제거하고 너무 굵은 것은 이등분하고, 양파는 5cm 두께로 동그랗게 썰고,

3 단호박은 반 갈라 씨를 파낸 뒤 6mm 두께로 썰고, 대파는 칼등으로 살짝 눌러 부드럽게 한 뒤 길게 이등분하고,

붉은 숯
피우기는
32페이지 참고

4 그릴에 붉은 숯이 되도록 숯불을 피우고,

5 석쇠를 올려 3분 정도 달군 뒤 가운데에 삼겹살을 올려 굽기 시작하고,

6 소금을 약간 뿌리고,

7 굽는 면이 노릇하게 익고 고기 윗면에 육즙이 송글송글 맺히면 뒤집고,

8 고기 윗면에 육즙이 맺히면 다시 한 번 뒤집어 굽고,

9 고기가 타지 않게 가장자리로 옮기고 양파, 양송이버섯, 대파, 통마늘, 단호박을 올리고,

10 고기가 수축되고 노릇해지면 너비 3~4cm로 자르고, 자른 고기를 타지 않게 양파 위에 올려 놓고 먹고,

11 양송이버섯은 가운데 물이 생기면 소금을 약간 뿌려 먹고,

12 대파는 겉이 약간 타게 익으면 겉껍질을 벗겨 먹고, 통마늘은 노르스름하게 익히고, 단호박은 젓가락으로 찔러보아 부드럽게 들어갈 정도로 익혀 마무리.

큰 재료를 통째로 조리하는 데에는 오븐만 한 도구가 없지만, 오븐이 없다면
가스불과 주물 냄비만으로도 충분하다. 팬에 뚜껑을 덮고 구우면 겉은
노릇노릇 고소하고 속은 촉촉하게, 근사한 냄새를 뿜으며 익어 오감을 즐겁게
한다. 통삼겹을 골고루 맛있게 익히는 법, 요리의 완성도를 높이는 전후 과정을
꼼꼼히 살펴 맛있게 완성해보자.

4인분

필수 재료 _ 가로 8cm, 세로 5~6cm 통삼겹살(1kg)

선택 재료 _ 굵은 소금(약간), 후춧가루(약간), 커피가루(1), 사과(1개), 마늘(6쪽) **tip** 커피가루는 프림 없는 것으로 준비.

손질

> **Tip**
> 껍질의 물기를 완전히 제거한 다음 소금을 묻히면 바삭바삭한 식감의 껍질을 만들 수 있다.

1 통삼겹살은 2mm 간격의 격자 모양으로 칼집을 넣고, 소금, 후춧가루, 커피를 골고루 펴 바르고,

2 사과는 깨끗이 씻어 웨지모양으로 6등분하고,

3 통마늘은 칼등으로 눌러 으깨고,

조리

> **Tip**
> 저수분 요리법으로, 구이와 수육의 중간쯤 되는 메뉴라 할 수 있다.

4 센 불로 달군 냄비에 사과와 으깬 마늘을 넣고,

5 삼겹살도 올려 기름기가 빠져나오기 시작하면 약한 불로 줄여 뚜껑을 덮고, 10분에 한 번씩 뒤집어가며 4면을 굽고,

> **Tip**
> 고기를 구운 다음 실온에 잠시 두는 것을 '레스팅'이라 하는데, 이를 통해 남아 있는 열이 고루 퍼지고, 빠져나왔던 육즙이 다시 고기 속으로 스며들어 촉촉해진다.

6 다 익은 고기에 쿠킹포일이나 뚜껑을 덮어 10분간 두고,

> **Tip**
> 상추와 쌈장을 곁들이거나 보쌈처럼 무채김치와 함께 먹어도 맛있다.

7 결 반대 방향으로 두께 1.5cm로 썰어 마무리.

냉동 삼겹살구이

냉동 삼겹살은 썰기가 편하고 얇아 빠르게 구워 먹기 좋 다. 가격도 저렴해서 주머니가 허전한 사람들에게 인기를 끌었던
삼겹살이다. 요즘은 생삼겹을 주로 먹기 때문에 냉동 삼겹살을 찾는 사람들은 줄었지만 의외로 냉동 삽겹살을 좋아하는
마니아들이 있다. 냉동 삼겹살은 냉장고로 옮겨 자연 해동한 다음 지속적으로 센 불에서 구워야 맛있다. 다 먹고 난 다음 삼겹살
기름을 이용하여 신김치나 실파, 부추 등을 올려 밥과 같이 볶아 먹어도 별미다.

4인분

필수 재료 _ 두께 5mm 냉동 삼겹살(800g), 양파(1개=200g)

선택 재료 _ 신김치(5줄기)

손질

1 양파는 1cm 두께로 동그랗게 썰고, 신 김치는 소를 털어두고,

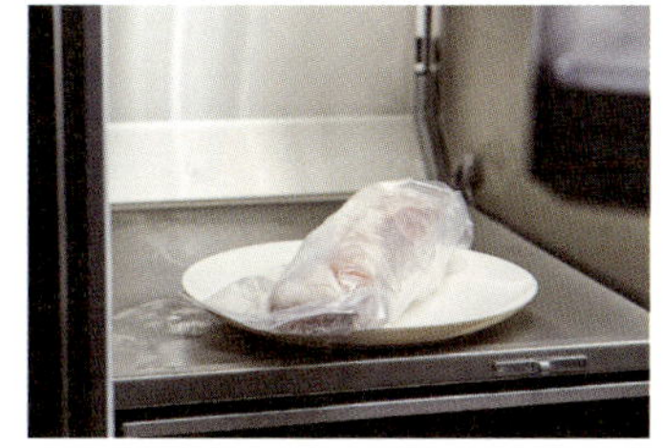

2 냉동실에 보관해둔 냉동 삼겹살은 하루 전날 냉장실로 옮겨 자연 해동하고,

조리

> **Tip**
> 팬에 고기를 한꺼번에 가득 채워 올리면 온도가 급격하게 떨어지므로, 불판 위에 절반 정도만 넣어 굽는 것이 좋다.

3 팬을 센 불로 달궈 뜨거운 열기가 느껴 지면 삼겹살을 올려, 약간의 연기와 함께 치이익 소리가 나면 굽기 시작하고,

> **Tip**
> 고기를 구울 때 양파를 같이 구우면 양파의 단맛이 나와 삼겹살 맛이 좋아지며 삼겹살 특유의 누린내도 제거할 수 있다.

4 가운데 양파를 올려 함께 굽고,

5 삼겹살 아랫면이 노릇하게 익고 윗면 에 육즙이 땀방울처럼 송글송글 맺히 면 삼겹살을 빠르게 뒤집고,

6 중간 불로 줄여 다른 면을 노릇하게 익 힌 뒤 가위로 5㎝ 길이로 자르고,

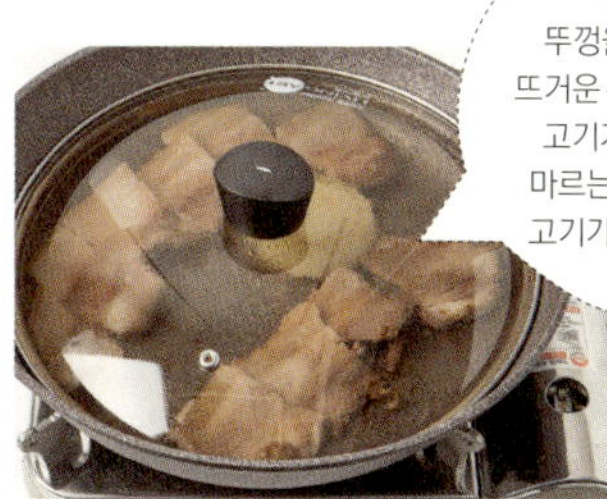

> **Tip**
> 뚜껑을 덮어 구우면 뜨거운 수증기로 인하여 고기가 촉촉해 지고 마르는 것을 방지하여 고기가 부드러워진다.

7 약한 불로 줄이고 뚜껑을 덮어 1분 두었 다 먹기 시작하고,

8 삼겹살 기름이 남은 팬에 신김치를 올려 굽고, 구운 양파와 함께 먹기 좋게 잘라 마무리.

돼지고기 소금구이 맛 살리는

목살소금구이

4인분

필수 재료 _ 두께 1cm~1.2cm 목살(800g)
선택 재료 _ 감자(1개), 양파(1개), 새송이버섯(2개), 마늘(8쪽), 대하(8마리=400g), 프랑크소시지(5개)
양념 _ 올리브유 혹은 식용유(적당량), 굵은 소금 혹은 볶은 천일염(약간)

붉은 천일염은 페이지 36 참조

Tip
목살은 비교적 기름기가 적은 편인데, 기름을 발라 구우면 돼지고기의 지방이 더 빨리 녹아 담백하다.

① 올리브유를 목살에 골고루 얇게 바르고, 굵은 소금을 솔솔 뿌려 밑간하고,

② 감자는 5mm 두께로 둥글게 썰어 물에 담가 전분기를 빼고,

③ 양파는 1cm 두께로 썰고, 새송이버섯은 4mm 두께로 썰고, 마늘은 꼭지를 제거하고,

④ 새우는 깨끗이 씻어 다리를 자르고, 이쑤시개로 등의 두 번째 마디를 찔러 내장을 제거하고,

⑤ 소시지는 2mm 간격으로 칼집을 넣고,

⑥ 센 불에 팬을 3분 달군 뒤 목살을 올려 치이익 소리가 나면 굽기 시작하고,

⑦ 3분 정도 구워 뒤집고, 구우면서 나오는 기름은 숟가락으로 떠서 고기 위에 끼얹어가며 굽고,

Tip
소시지, 새우가 익는 동안 고기가 타지 않게 식힘망 위에 올려 따뜻하게 먹자

⑧ 중간 불로 줄여 3분 정도 더 구워 5㎝ 길이로 자르고, 다른 재료도 올려 약한 불에서 마무리.

먹고 남은 삼겹살 활용 메뉴

삼겹살 볶음밥

2인분

필수 재료 _ 신김치(2줄기), 냉동밥 또는 찬밥(1공기), 삼겹살 남은 것(100g), 달걀(1개), 김가루(1줌)

> **tip** 냉동밥이나 찬밥은 전분기가 사라져서 보슬보슬한 볶음밥을 만들기가 쉽다.

선택 재료 _ 각종 채소(적당량) **tip** 먹다 남은 당근, 양파, 콩나물무침 등 각종 채소를 잘게 다지거나 가위로 잘라 넣으면 맛이 풍부해진다.

양념 _ 고추장(2), 참기름(1), 통깨(약간)

양념 _ 올리브유 혹은 식용유(적당량), 굵은 소금 혹은 볶은 천일염(약간)

> 볶은 천일염은 페이지 36 참조

1 각종 채소와 신김치는 모두 다지고,

2 남은 삼겹살 기름에 다진 신 김치, 고추장을 넣어 볶고,

3 1분 정도 볶다가 삼겹살을 가 위로 잘게 잘라 넣고,

4 찬밥도 함께 넣어 볶고,

5 어느 정도 섞이면 채소를 넣어 볶고,

6 불을 약하게 줄이고 불판에 밥을 최대한 얇게 펼치고,

7 달걀, 김가루, 참기름, 통깨를 넣어 비비고,

8 불판에 눌어붙은 누룽지를 긁어가며 먹어 마무리.

남은 고기로 만든 입가심 메뉴

즉석 김치칼국수

1 김치는 소를 털어내 잘게 자르고, 대파는 송송 썰고,

2 냄비에 물을 붓고 끓어오르면 고기를 넣어 5분 정도 끓이고,

3 칼국수면을 넣어 4분 정도 끓이고, 김치, 대파, 다진 마늘을 넣고,

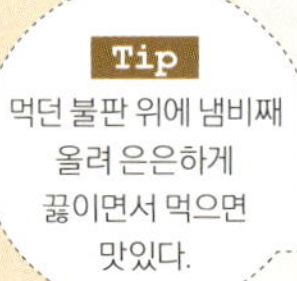

4 국물용 멸치를 넣어 2분 정도 끓이고,

5 고춧가루와 소금을 넣어 간하고, 청양고추를 넣어 마무리.

2인분

필수 재료 _ 신김치(2줄기), 대파(30cm), 먹다 남은 삼겹살 혹은 생고기(100g), 칼국수면(1줌)
양념 _ 물(4컵), 다진 마늘(0.5), 고춧가루(1), 소금(0.5)
선택 재료 _ 청양고추(2개), 국물용 멸치 3~4마리

삼겹살구이 맛 살리는

쌈장 & 소스

참기름장

필수 재료
참기름(2), 볶은 소금(1), 통깨(0.5)

조리
준비한 모든 재료를 모두 섞어 마무리.

젓갈쌈장

필수 재료
통멸치젓(5=100g)

양념
굵은 고춧가루(3), 사이다(3), 소주(3),
다진 마늘(2), 후춧가루(0.3), 다진 생강(0.5)

조리
1 통멸치젓은 믹서에 넣어 곱게 갈고,
2 볼에 통멸치젓 간 것과 양념 재료를 모두 넣어
골고루 섞은 뒤 병에 담아 냉장 보관하고,
3 먹을 때는 종지에 덜어 마늘 슬라이스와 송송 썬
고추를 넣고 삼겹살을 굽는 판 위에 올려
바글바글 끓이면서 구운 삼겹살을 찍어 먹는다.

tip 젓갈쌈장은 멸치 등을 발효시켜 만든 젓갈로 감칠맛이
풍부하고 장시간 동안 보관해도 잘 변질되지 않는다.
돼지고기는 젓갈쌈장과 맛 궁합이 좋다.

맛쌈장

필수 재료
시판용 쌈장(0.7컵), 식용유(4), 참기름(4),
다진 마늘(2.5), 사이다(5), 통깨(2), 설탕(4),
굵은 고춧가루(4)

조리
준비한 모든 재료를 한데 넣어 골고루 섞어 마무리.

계피간장소스

필수 재료
물(2.5컵), 통계피(1토막=6cm)

양념
간장(1컵), 흑설탕(5), 소주(2), 다진 양파(2),
다진 파(1), 다진 마늘(0.3), 고운 고춧가루(0.3),
생강즙(0.3), 후춧가루(0.3), 계핏가루(0.3)

조리
1 냄비에 물을 붓고 통계피를 넣어 팔팔 끓으면
약한 불로 15분 정도 더 끓이고,
2 계피 우린 물에 준비한 양념 재료를 넣고 섞어
소스를 만들고 병에 담아 냉장 보관하고,
3 먹을 때 계피간장소스:물=1:1 비율로 희석한 뒤
구운 삼겹살을 찍어 먹는다.

두부고추장쌈장

필수 재료
두부(1/2모=150g), 삼겹살 혹은
남은 고기(200g), 청양고추(5개)

양념
고추장(5), 다진 양파(4), 다진 마늘(2),
고춧가루(2), 참기름(2), 통깨(1)

조리
1 두부는 물기를 빼고 도마에 올려 칼등으로
으깨고,
2 고기는 칼로 잘게 다지고, 청양고추도 다지고,
3 두부, 참기름, 통깨를 제외한 모든 재료를 달군
프라이팬에 넣어 볶고,
4 채소에서 물이 나와 자작해지면 두부를 넣어
걸쭉해지며 물기가 보이지 않을 때까지 볶고,
5 양념장이 식으면 참기름과 통깨를 섞어
밀폐용기에 담아 냉장 보관해 마무리.

tip 두부고추장쌈장은 짜지 않아 고기에 듬뿍 찍어 먹어도
좋고, 밥에 넣어 비벼 먹어도 맛있다.

CHAPTER 2

돼지고기 양념구이

돼지고기는 간장, 고추장, 된장 등 어떤 양념을 더해도 맛있게 잘 어우러진다.
달콤하고 부드러운 간장양념은 아이들도 좋아하고, 매콤하게 조물조물 양념을 무쳐
굽는 제육볶음, 고추장 삼겹살은 스트레스 해소에 그만! 술안주로도 언제나 반갑다.
채 썬 생강, 깻잎 등을 곁들여 덮밥으로 즐겨도 좋다.
그만큼 흔하고 즐겨 해 먹는 메뉴지만 사실 요리 초보에게는 양념장부터 불조절까지
은근히 까다롭다. 부드러운 육질에 누린내도 없고, 타지 않고 맛깔스런 불맛까지
품은 돼지고기 양념구이를 배워보자.

임성근이 추천하는 최고의 양념구이용 부위는!

양념구이에 으뜸으로 어울리는 부위는 삼겹살이다. 단, 기름기가 부담스러운 이라면
씹히는 맛이 좋은 목심살, 앞다릿살이 제격. 갈비나 등갈비를 활용하면 고급스럽고
푸짐한 메뉴로 완성할 수 있다.
프라이팬은 열전도율이 높아 고기가 두꺼울 경우 속이 익기 전에 먼저 타버릴 수 있고,
약한 불에 오래 구우면 육즙이 다 빠져 본연의 맛을 즐길 수 없다. 따라서 프라이팬에 구울
삼겹살과 갈비는 두께 5mm, 목심살이나 앞다릿살은 두께 3mm 정도로 준비하는 것이
적당하다. 단, 석쇠로 숯불에 굽거나 돌판을 이용하는 경우에는 삼겹살과 갈비는 두께
7mm, 목심살이나 앞다릿살은 두께 5mm 정도로 준비하면 된다.

제육볶음

제육볶음은 삼겹살과 찰떡궁합이다. 구이용 삼겹살은 고기와 지방의 비율이 5:5 정도 돼야 좋 으나 복음용 삼겹살은 7:3 정도의 비율이 좋 다. 낙지나 주꾸미, 오징어 등의 해산물을 곁들여도 맛이 잘 어울리며, 신김치를 더하면 느끼함은 잡고 아삭아삭한 식감을 즐길 수 있다. 먹다 남은 제육볶음은 물을 자작하게 붓고 중간 불에서 콩나물과 함께 끓여 밥을 볶아 먹어도 맛있고, 김밥의 속 재료로 활용해도 별미다.

필수 재료 _ 두께 5mm 삼겹살(600g)

선택 재료 _ 대파(30cm), 미나리(1줌), 양파(1개), 당근(6cm), 애호박(6cm), 청·홍고추(1개씩)

양념장 _ 고추장(3)+굵은 고춧가루(5)+간장(3)+물엿(4)+설탕(3)+후춧가루(0.3)+다진 마늘(2)+다진 생강(0.5)+식용유(1)+소주(1)

양념 _ 배(1/4개), 참기름(1), 통깨(1)

손질 ▶

1 삼겹살은 5cm 너비로 썰고, 대파는 5cm 길이로 어슷 썰고, 미나리는 5cm 길이로 썰고,

2 양파는 2cm 두께로 채 썰고, 당근과 애호박은 양파와 같은 크기로 썰고,

3 고추는 3cm 길이로 어슷 썰어 씨는 털어내고, 배는 곱게 다지거나 갈고, 양념장은 골고루 섞고,

조리 ▶

4 센 불로 달군 팬에 삼겹살을 올려 앞뒤로 노릇하게 볶고,

5 양파, 당근, 애호박 순으로 넣어 볶다가 다진 배를 넣어 살짝 뒤섞듯 볶고,

6 채소가 절반 정도 익으면 양념장을 붓고 센 불로 올려 골고루 섞이도록 재빨리 휘저어 볶고,

7 대파, 미나리, 고추를 넣어 섞고,

8 참기름을 살짝 둘러 볶은 뒤 통깨를 뿌려 마무리.

고추장불고기

제육볶음은 삼겹살과 찰떡궁합이다. 구이용 삼겹살은 고기와 지방의 비율이 5:5 정도 돼야 좋으나 볶음용
삼겹살은 7:3 정도의 비율이 좋다. 낙지나 주꾸미, 오징어 등의 해산물을 곁들여 볶아도 맛이 잘 어울리며,
신김치를 더하면 느끼함은 잡고 아삭아삭한 식감을 즐길 수 있다. 먹다 남은 제육볶음은 물을 자작하게 붓고 중간
불에서 콩나물과 함께 끓여 밥을 볶아 먹어도 맛있고, 김밥의 속 재료로 활용해도 별미다.

4인분

필수 재료 _ 두께 3mm 앞다릿살(600g)

선택 재료 _ 대파 흰부분(30cm), 양파(1개)

밑간 _ 맛술(2)+설탕(3)

양념장 _ 고추장(5)+간장(3)+꿀(3)+다진 마늘(1.5)+고춧가루(3)+후춧가루(0.3)+물엿(0.7)+참기름(1)+물(5)

양념 _ 통깨(1)

손질

1 앞다릿살은 길이 7~8cm, 너비 3cm로 썰고, 밑간 재료에 재워 30분 이상 숙성하고,

2 대파는 칼등으로 눌러 부드럽게 하고 길게 반을 갈라 6cm 길이로 썰고,

3 양파는 2cm 두께로 채 썰고,

조리

4 양념장에 대파, 양파, 고기를 넣어 버무리고,

5 중간 불로 달군 전골냄비에 양념한 고기를 넣어 익히다가 물이 생기기 시작하면 고기를 뒤적여가며 굽고,

6 고기가 반 정도 익으면 약한 불로 줄여 눌어붙지 않도록 휘휘 저으며 볶은 뒤 통깨를 뿌려 마무리.

된장불고기 +

된장불고기는 고구려 시대 맥족이라는 부족이 먹던
돼지불고기 요리로, '맥적구이'라고도 불린다. 된장 덕분에
돼지 특유의 냄새가 나지 않고 부드럽고 담백한 맛이 특징이다.
석쇠 두 장을 이용해 구우면 가장 맛있지만,
프라이팬에 구워도 좋다.

필수 재료 _ 두께 5mm 목살 혹은 앞다릿살(600g)

선택 재료 _ 달래(1/2줌), 부추(1/2줌)

양념장 _ 배(1/3개), 양파(1/2개)+된장(4)+고추장(1.5)+설탕(3)+꿀(2)+청주(2)+다진 마늘(1)+맛술(2)+참기름(2)+후춧가루(0.5)+깨소금(3)

1 믹서에 배와 양파를 넣어 곱게 갈고, 나머지 양념장 재료와 골고루 섞고,

2 달래와 부추는 5~6cm 길이로 썰고,

3 고기를 양념장에 조물조물 버무린 뒤 밀폐해 냉장실에서 2시간 이상 숙성하고,

4 그릴에 붉은 숯이 되도록 숯불을 피운 다음 석쇠를 올리고,

5 3분 정도 달군 뒤 고기를 석쇠 가운데 올려 굽기 시작하고,

6 부추와 달래를 올려 펼친 뒤 다른 석쇠 한 장을 덮고,

7 두 장의 석쇠를 잡고 툭툭 쳐주면서 자주 뒤집어가며 굽고,

8 고기에서 윤기가 나도록 먹기 좋게 익혀 마무리.

> **Tip**
> 석쇠 두 장을 이용해 자주 뒤집어 가며 구우면 양념이 잘 타지 않고 맛있게 구워진다. 또한 툭툭 쳐주면서 구우면 고기가 석쇠에 달라붙지 않고 고기의 육즙이 숯에 떨어져 향이 배고 고기가 더 맛있게 구워진다.

돼지갈비구이

돼지갈비야말로 양념 국물에 밥까지 말아서 싹싹 긁어 먹는 효자 메뉴다. 돼지갈비는 갈비가 푹 잠길 정도로 양념 국물을 충분히 만들어야 한다. 양념 국물이 적으면 고기끼리 통속에서 붙어 서로 육즙을 뱉어내는 경우가 많고, 빨리 상할 수 있다. 석쇠와 숯불로 굽는 것이 가장 좋지만, 프라이팬에 국물이 자작하게 졸아들도록 구워도 된다. 약간 매콤한 맛을 좋아하면 기호에 따라 양념에 청양고추를 다져 넣는다.

4인분

필수 재료 _ 길이 5cm 두께 5mm로 포 뜬 돼지갈비 혹은 두께 7mm LA갈비(1kg)

양념장 _ 갈비양념(5컵)

갈비양념 만드는 법은 페이지 37참조

1 포를 떠 온 돼지갈비를 2mm 간격으로 다이아몬드 모양 칼집을 내고,

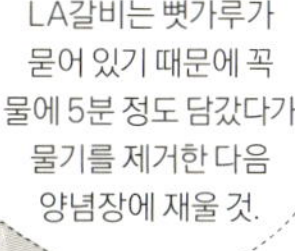

2 양념장에 버무려 밀폐한 뒤 냉장실에서 하루 이상 숙성하고,

3 중간 불로 달군 팬에 돼지갈비를 넣고, 양념 국물도 자작하게 붓고,

4 갈비가 팬에 들러붙지 않도록 집게로 뒤적여가며 3~4번 뒤집어 굽고,

5 국물이 자작하게 졸아들면 가위로 고기를 자르고,

6 약한 불로 고기에서 윤기가 날 때까지 조려 마무리.

콩나물불고기 

콩나물불고기 하나만 있으면 다른 반찬이 필요 없다.
끓이다 보면 채소와 콩나물에서 수분이 빠져나와
전골식으로 되는데, 여기에 불린 당면이나 떡볶이떡 등을
넣어 먹거나 마지막에 송송 썬 신김치와 밥을 넣어 쓱쓱
볶아 먹어도 맛있다.

4인분

필수 재료 _ 두께 3mm 앞다릿살(500g)

선택 재료 _ 콩나물(6줌), 대파(6cm), 깻잎(10장), 당근(6cm), 양파(1개), 홍고추(1/2개)

양념장 _ 배(1/6개), 사과(1/5개), 파인애플 링(1개), 생강(1쪽)+고추장(5)+고춧가루(1)+물엿(4)+황설탕(2)+후춧가루(0.3)+간장(1.5)+
사이다(5)+다진 마늘(1.5)

손질

1 고기는 5cm 너비로 썰고, 콩나물은 깨끗이 다듬고,

2 대파는 채 썰고, 당근, 6cm 길이로 채 썰고, 깻잎은 4등분하고, 양파는 2cm 두께로 채 썰고, 홍고추는 채썰고,

3 믹서에 배와 사과, 파인애플, 생강을 듬성듬성 썰어 넣어 곱게 갈고, 나머지 양념장 재료와 골고루 섞고,

조리

4 전골냄비에 콩나물을 깔고 고기를 얹고,

5 양념장을 끼얹고,

6 채 썬 당근과 양파를 넣고 센 불에 올리고,

7 고기가 익고 채소가 절반 정도로 숨이 죽으면 약한 불로 줄이고,

8 채 썬 파와 깻잎, 홍고추를 올려 한 번 더 끓여 마무리.

돼지고기 김치두루치기

신김치나 묵은지의 깊은 감칠맛만으로도 양념의 반을
해결한 셈. 당근, 양파 외에도 애호박, 버섯, 깻잎 등
냉장고 속 자투리 채소를 처리하기 좋은 메뉴다. 불린
당면을 더하면 더 푸짐하게 즐길 수 있으며 기호에 따라
청양고추를 더하면 술안주로도 제격이다.

필수 재료 _ 두께 7mm 앞다릿살(600g), 신김치(200g)

선택 재료 _ 대파(30cm), 당근(5cm), 양파(1개)

양념장 _ 배(1/6개), 사과(1/5개), 파인애플 링(1개), 생강(1쪽)+고추장(5)+고춧가루(1)+물엿(4)+ 황설탕(2)+후춧가루(0.3)+ 간장(1.5)+사이다(5)+다진 마늘(1.5)

양념 _ 참기름(1), 통깨(1)

손질

1 대파 흰부분은 칼등으로 눌러 부드럽게 한 뒤 길게 반 갈라 5cm 길이로 썰고, 푸른 부분도 같은 길이로 썰고,

2 당근은 두께 3mm, 4~5cm 길이로 채 썰고, 양파는 2cm 두께로 채 썰고, 신김치는 소를 털어내고 5cm 길이로 썰고,

3 믹서에 배와 사과, 파인애플, 생강을 듬성듬성 썰어 넣어 곱게 간 뒤 나머지 양념장 재료와 골고루 섞고,

조리

4 센 불로 달군 팬에 고기 먼저 볶고,

Tip
양념에 버무리기 전에 애벌로 볶으면 타지 않고 맛있게 익힐 수 있다.

5 고기가 회색빛이 되면 신김치를 넣어 볶고,

6 고기가 익으면 양념장을 넣어 볶다가 대파, 당근, 양파를 넣어 볶고,

7 채소가 어느 정도 익으면 불을 끄고 참기름을 섞고 통깨를 뿌려 마무리.

전골식 돼지불고기 +

간장불고기 하면 쇠고기를 떠올리지만 사실 돼지고기로 간장불고기를 해 먹어도 쫄깃한 식감이 좋다.
전골로 먹을 경우 적당한 돼지고기의 기름기가 국물을 더 고소하게 해주므로 맛있게 즐길 수 있다.

전골식 돼지불고기

필수 재료 _ 두께 3mm 목살 혹은 앞다릿살(600g)

선택 재료 _ 당면(1줌), 배추(2장), 당근(5cm), 양파(1/2개), 대파(30cm), 팽이버섯 혹은 느타리버섯(1줌)

양념장 _ 배(1/3개), 양파(1/2개), 생강(1쪽)+간장(0.5컵)+물(2.5컵)+황설탕(1컵)+물엿(0.4컵)+고추장(1.5)+후춧가루(약간)+
콜라(0.5컵)+맛술(2)+다진 마늘(3.5)+캐러멜시럽(0.5)+소주(1)+통깨(1)

손질

1 고기는 5cm 너비로 썰고, 믹서에 배와
양파, 생강을 썰어 넣어 곱게 갈고, 나머
지 양념장 재료와 골고루 섞고,

2 양념장에 고기를 재워 냉장실에서 2시
간 정도 숙성하고,

Tip
불려두지 못할 경우
끓는 물에 담가 5분 정도
삶았다가 건져서 바로
조리에 더해야 한다.

3 당면은 차가운 물에 담가 1시간 이상
불리고, 채반에 건져 물기를 빼고,

4 배추는 5cm 길이로 채 썰고, 당근은
두께 3mm, 4~5cm 길이로 채 썰고,
양파는 2cm 두께로 채 썰고,

5 대파 흰부분은 칼등으로 눌러 부드럽게
한 뒤 길게 반 갈라 5cm 길이로 썰고,
푸른 부분도 같은 길이로 썰고,

6 버섯은 밑동을 제거해 갈라놓고,

7 전골팬에 고기를 펼쳐 올리고 양념장을 자작하게 부어 센 불로 끓이고,

8 불린 당면을 올리고,

9 배추, 당근, 양파, 대파, 버섯을 둘러 담고,

10 고기가 서로 들러붙지 않도록 휘휘 저어가며 익히고, 채소가 익고 국물이 자작해지도록 졸여 마무리.

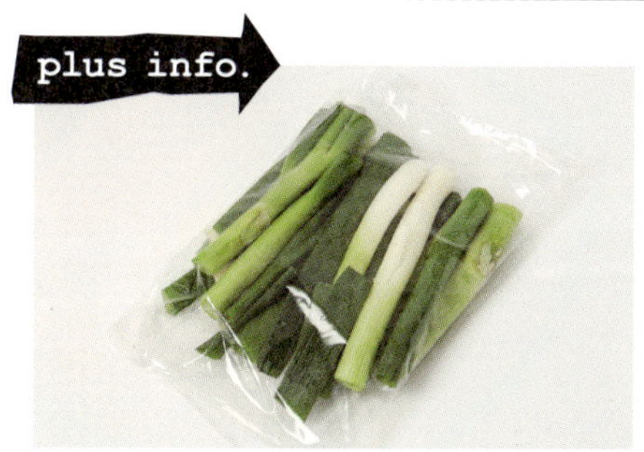

대파 냉동해두기

보통 대파는 한 단 단위로 구입하게 되는데, 몇 대 사용하고는 냉장실에 방치하기 마련이다. 냉장실에 오래 두면 결국 마르거나 썩어서 솎아내기 바쁘다. 오래 사용하려면 요리하기 좋은 크기로 다듬어 키친타월로 감싸고, 지퍼백에 넣어 냉동 보관하는 것이 좋다.

오삼불고기

고추장삼겹살에 오징어를 넣어 전골팬에 볶아 먹으면 오삼불고기, 주꾸미를 더하면
주꾸미삼겹살이 된다. 육류와 해산물을 함께 즐길 수 있어 매력적이며, 돼지고기의 단백질과
오징어의 인, 비타민 B_1, B_2 가 만나 영양 면에서도 훌륭한 메뉴이다. 아삭하게 삶아 둔 콩나물을
함께 올려 먹으면 오징어의 쫄깃함과 고기의 고소함이 함께 어우러져 입안이 즐거워진다.

plus info.

콩나물 비린내 없이
아삭하게 삶는 비법

콩나물은 삶은 뒤 방치하면 수분이 빠져 질겨지므로 반드시 삶
은 뒤 건져서 바로 얼음물에 담가야 아삭한 식감을 살릴 수 있다.

삶은 뒤 구워 먹거나 곁들여 먹을 때는

1—— 콩나물은 머리에서 콩나물 특유의 비린내가 나므로 머리
와 꼬리를 떼고,

2—— 냄비에 콩나물을 넣고 차가운 물을 자작할 정도
로 부어 4~5분 정도 삶고,

3—— 차가운 물에 헹군 뒤 얼음물에 담가 아삭한 식
감을 살려 마무리.

삶아서 무칠 경우에는

콩나물을 삶은 뒤 물에 씻지 않고 바로 건져 뜨거울 때 양념을 한
다. 뜨거울 때 고춧가루를 섞으면 고춧가루 특유의 날것 냄새도
없어지고, 열에 의해 물이 많이 생기지 않는다.

오삼불고기

필수 재료 _ 두께 5mm 삼겹살(400g), 오징어(1마리=200g)

선택 재료 _ 콩나물(2줌), 대파(30cm), 미나리(1줌), 양파(1개), 당근(6cm), 애호박(6cm), 청·홍고추(1개씩)

양념장 _ 고추장(0.7컵)+굵은 고춧가루(4)+간장(4)+물엿(4)+설탕(3)+후춧가루(0.3)+다진 마늘(2)+다진 생강(0.5)+식용유(1)+소주(1)

양념 _ 배(1/5개), 참기름(1), 통깨(1)

손질

> **Tip**
> 껍질을 벗길 때에는 머리 쪽에 소금을 묻혀 미끄러지지 않게 하고 껍질을 아래로 조금씩 잡아당겨 벗긴다.

1 고기는 너비 5cm로 썰고, 오징어는 몸통을 2등분해 안쪽에 2mm 간격으로 격자 모양 칼집을 넣고, 6×3cm 크기로 썰고, 다리는 6cm 길이로 썰고,

2 콩나물은 냄비에 넣고 잠기도록 물을 부어 7분 정도 삶아 건지고, 찬물에 담갔다가 체에 밭쳐 물기를 제거하고,

3 대파 흰부분은 칼등으로 눌러 부드럽게 한 뒤 길게 반 갈라 6cm 길이로 썰고, 푸른 부분도 같은 길이로 썰고,

4 미나리는 6cm 길이로 썰고, 양파는 1cm 두께로 채 썰고, 당근과 애호박은 두께 2mm, 크기 6cm로 납작 썰고, 고추는 3cm 길이로 어슷 썰어 씨를 털고,

5 양념장 재료 중 배를 다지고,

6 양념장 재료를 골고루 섞고,

7 센 불로 달군 팬에 고기를 올려 볶고, 고기가 회색이 되면 다진 배를 넣어 볶고,

8 양파, 당근, 애호박을 넣어 볶고,

9 양념장과 고기를 넣고 팬을 살짝살짝 흔들어주며 재빨리 주걱으로 저어가며 볶고,

10 고기와 채소가 95% 정도 익으면 오징어를 넣어 볶고,

11 대파, 미나리, 고추를 넣어 뒤섞고,

12 참기름을 둘러 살짝 뒤섞듯 볶고, 통깨를 뿌리고 삶은 콩나물을 곁들여 마무리.

된장삼겹살 

발효식품인 된장은 고기를 부드럽게 하는 역할도 하고 특유의 향으로 돼지고기의 잡냄새를 없애 담백한 맛으로 먹을 수 있게 한다. 시판 된장을 사용할 경우, 찜기에 면포를 깔고 된장을 펼쳐 올려 15~ 20분간 찐 다음 사용해보자. 면포 아래로 찌꺼기와 함께 불필요한 수분이 떨어져 훨씬 부드럽고 군내 없는 맛있는 된장이 된다.

4인분

필수 재료 _ 두께 7mm, 너비 5cm 삼겹살(600g)

양념장 _ 양파(1/4개)+배(1/4개)+사과(1/4개)+시판 재래된장(3)+설탕(1)+물엿(0.5)+다진 마늘(0.3)+다진 생강(0.3)+고운 고춧가루(5)+
청주(2)+맛술(2) **tip** 양념 후 숙성 과정 없이 바로 구워 먹을 때는 물엿이나 설탕을 빼고 꿀(1.5)을 넣으면 고기가 훨씬 빨리 부드러워지고 더 좋은 풍미를 느낄 수 있다.

1 양념장 재료를 모두 믹서에 넣어 곱게
갈고,

2 볼에 삼겹살과 양념장을 넣어 조물조
물 버무린 뒤 밀폐해 냉장실에서 2시간
이상 숙성하고,

3 그릴에 숯을 넣어 붉은 숯이 되도록 숯
불을 피우고,

4 석쇠를 올려 3분 정도 달구고, 고기를
펼쳐 올리고,

5 석쇠를 톡톡 치면서 집게로 고기를 자주
뒤집어가며 구워 마무리.

3 센 불로 달군 팬에 식용유를 살짝 두르
고,

4 숙성한 고기를 평평하게 올리고,

5 타지 않도록 약한 불로 굽기 시작하고,
고기가 탈 것 같으면 물(5)을 넣어 마저
구워 마무리.

고추장삼겹살 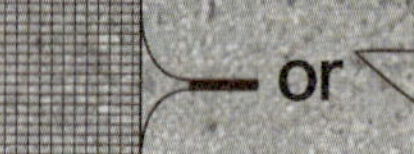 — or

매콤 달콤한 고추장 삼겹살은 입맛
돋우는 메뉴로는 일등아다.
양념장에 굴소스를 약간 더하면
감칠맛이 더해져 더 맛있고, 고추기름을
더하면 부드러운 매운맛이 더해져
최상의 맛으로 즐길 수 있다.

필수 재료 _ 두께 7mm, 너비 5cm 삼겹살(600g)

양념장 _ 고추장(5)+고춧가루(3.5)+물엿(2)+설탕(2.5)+굴소스(1)+다진 마늘(3)+고추기름(1.5)+간장(2.5)+후춧가루(0.3)+통깨(0.3)+사이다(4)

tip 양념 후 숙성 과정 없이 바로 구워 먹을 때는 물엿이나 설탕을 빼고 꿀(1.5)을 넣으면 고기가 훨씬 빨리 부드러워지고 더 좋은 풍미를 느낄 수 있다.

손질

1 양념장 재료를 모두 믹서에 넣어 곱게 갈아 볼에 옮기고,

2 삼겹살을 넣어 조물조물 버무린 뒤 밀폐해 냉장실에 넣고 2시간 이상 숙성하고,

조리 ▶ 석쇠에 구울 경우

붉은 숯 피우기는 32페이지 참고

3 그릴에 숯을 넣어 붉은 숯이 되도록 숯불을 피우고,

4 석쇠를 올려 3분 정도 달구고, 고기를 펼쳐 올리고,

5 석쇠를 톡톡 치면서 집게로 고기를 자주 뒤집어가며 구워 마무리.

조리 ▶ 팬에 구울 경우

3 센 불로 달군 팬에 식용유를 살짝 두르고,

4 숙성한 고기를 평평하게 올리고,

5 타지 않도록 약한 불로 굽기 시작하고, 고기가 탈 것 같으면 물(5)을 넣어 마저 구워 마무리.

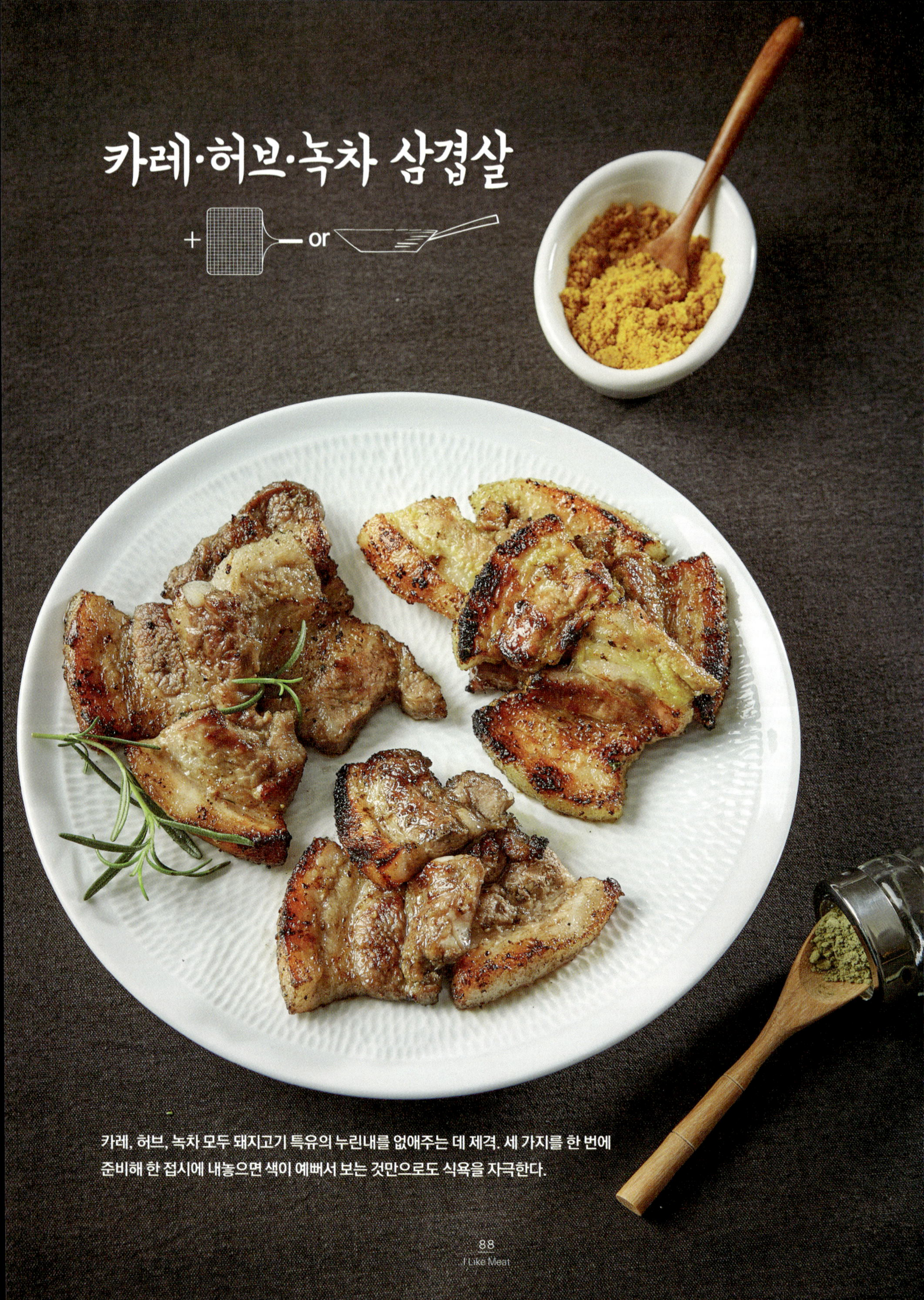

카레·허브·녹차 삼겹살

카레, 허브, 녹차 모두 돼지고기 특유의 누린내를 없애주는 데 제격. 세 가지를 한 번에
준비해 한 접시에 내놓으면 색이 예뻐서 보는 것만으로도 식욕을 자극한다.

필수 재료 _ 두께 7mm, 너비 5cm 삼겹살(600g)

카레 양념 _ 마늘가루(2)+소주(5)+맛술(5)+카레가루(2)

허브 양념 _ 마늘가루(2)+소주(5)+맛술(5)+통후추(0.3)+파슬리가루(1)+로즈마리가루(0.5)+오레가노가루(0.5)

녹차 양념 _ 마늘가루(1)+소주(5)+맛술(5)+녹차가루(2)

손질

1 볼에 각각의 양념 재료를 넣어 고루 섞고,

2 삼겹살을 각각의 양념에 조물조물 버무리고,

조리 석쇠에 구울 경우

붉은 숯 피우기는 32페이지 참고

3 그릴에 숯을 넣어 붉은 숯이 되도록 숯불을 피우고,

4 석쇠를 올려 3분 정도 달군 뒤 고기를 펼쳐 올리고,

5 석쇠를 톡톡 치면서 집게로 고기를 자주 뒤집어가며 구워 마무리.

조리 팬에 구울 경우

3 센 불로 달군 팬에 식용유를 살짝 두르고,

4 숙성한 고기를 평평하게 올리고,

5 타지 않도록 약한 불로 줄이고, 고기가 탈 것 같으면 물(5)을 넣어 마저 구워 마무리.

인삼삼겹살 + ▨ — or ◿

인삼을 더하면 사포닌 성분이 돼지고기 특유의 누린내를
없애면서 인삼의 향 덕분에 힐링이 되는 느낌이 든다. 특히
어르신을 위한 보양 삼겹살로 추천한다. 우유와 꿀까지 넣어
부드럽고 단맛이 은은하게 나는 삼겹살이다.

필수 재료 _ 두께 7mm, 너비 5cm 삼겹살(600g)

양념장 _ 인삼(1뿌리=7cm)+인삼가루(2)+우유(1.5컵)+꿀(3)

tip 양념 후 숙성 과정 없이 바로 구워 먹을 때는 물엿이나 설탕을 빼고 꿀(1.5)을 넣으면 고기가 훨씬 빨리 부드러워지고 더 좋은 풍미를 느낄 수 있다.

손질

1 인삼은 흙을 씻어내고 뇌두를 떼어낸 뒤 믹서에 나머지 양념장 재료와 함께 넣어 곱게 갈고,

2 볼에 삼겹살과 양념장을 넣어 조물조물 버무린 뒤 밀폐해 냉장실에서 2시간 이상 숙성하고,

조리 ▶ 석쇠에 구울 경우

3 그릴에 숯을 넣어 붉은 숯이 되도록 숯불을 피우고,

4 석쇠를 올려 3분 정도 달군 뒤 고기를 펼쳐 올리고,

5 석쇠를 톡톡 치면서 집게로 고기를 자주 뒤집어가며 구워 마무리.

조리 ▶ 팬에 구울 경우

3 센 불로 달군 팬에 식용유를 살짝 두르고,

4 숙성한 고기를 펼쳐 올리고,

5 타지 않도록 약한 불로 줄이고, 고기가 탈 것 같으면 물(5)을 넣어 마저 구워 마무리.

와인삼겹살  + ▦ — or ▱

와인에 재운 삼겹살은 구울 때 와인의 향이 은은히
배어나와 고급스러운 맛을 즐길 수 있다. 먹고 남은 와인을
알뜰히 활용하기에도 좋다. 좀 특별한 날에는 넓은 접시에
어린잎채소와 애호박, 방울토마토, 가지, 파프리카 등
채소구이와 함께 곁들여보자. 마치 부드러운 스테이크를
먹는 듯해 별미다.

4인분

필수 재료 _ 두께 7mm, 너비 5cm 삼겹살(600g)

양념장 _ 통후추(10알), 월계수잎(1장), 화이트와인(0.5컵)+청주(5)+시판 매실액(1)

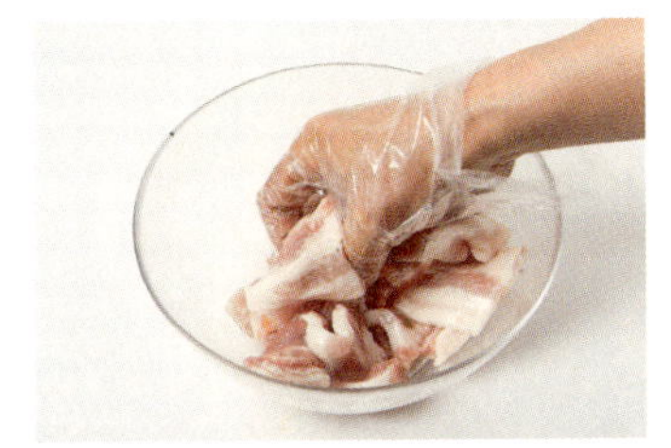

1 통후추는 거칠게 갈고, 월계수잎은 잘게 부수고, 볼에 양념장 재료를 모두 넣어 골고루 섞고,

2 삼겹살을 양념장에 조물조물 버무려 밀폐한 뒤 냉장실에 넣어 2시간 이상 숙성하고,

3 그릴에 숯을 넣어 붉은 숯이 되도록 숯불을 피우고,

4 석쇠를 올려 3분 정도 달군 뒤 고기를 펼쳐 올리고,

5 석쇠를 톡톡 치면서 집게로 고기를 자주 뒤집어가며 구워 마무리.

3 센 불로 달군 팬에 식용유를 살짝 두르고,

4 숙성한 고기를 펼쳐 올리고,

5 타지 않도록 약한 불로 줄이고, 고기가 탈 것 같으면 물(5)을 넣어 마저 구워 마무리.

만능간장 등갈비구이

'고기는 뜯어야 제맛!'이라는 말도 있지 않은가. 정말 갈비뼈에 두툼한 살이 붙어 있는 등갈비는 손에 다 묻혀가며 뜯어 먹는 게 재미로, 아이들에게도 인기 만점인 메뉴다. 고추장을 더해 매콤하게 즐겨도 좋고, 간장 양념을 하면 온 가족이 두루두루 먹을 수 있다. 만능간장 양념에 당근이나 파프리카 등 냉장고 속 자투리 채소를 잘게 다져서 섞은 다음 재워서 구우면 더 양념이 푸짐해진다.

필수 재료 _ 등갈비(1kg), 만능간장(0.5컵)
핏물 제거용 재료 _ 물(2L), 설탕(0.5컵)

만능 간장
만드는 법은
36페이지 참고

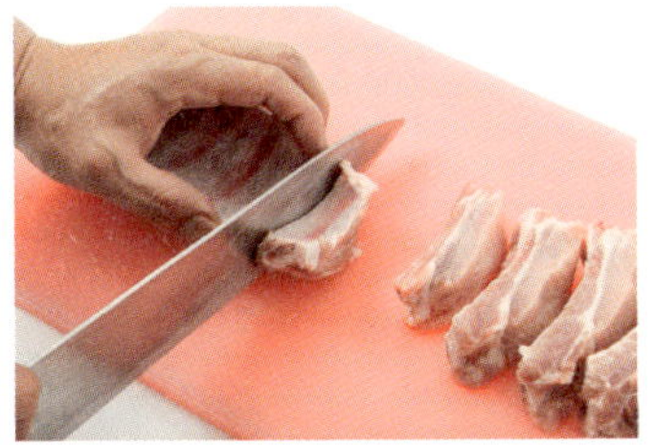

1 볼에 등갈비와 핏물 제거용 재료를 넣고 1시간 정도 담가 핏물을 뺀 뒤 건지고,

2 등갈비의 뼈 사이사이에 칼을 넣어 하나씩 잘라내고,

3 냄비에 등갈비를 넣고 푹 잠길 정도로 물을 붓고,

4 끓어오르기 시작하면 3분 정도 삶고,

5 차가운 물에 씻어 건지고,

6 넓은 팬에 등갈비를 올리고 만능간장을 붓으로 발라가며 앞뒤로 익히고,

7 만능간장을 2~3번 정도 발라가며 양념이 쏙 배게 구워 마무리.

돼지고기가 더 맛있어지는 곁들이 반찬

콩나물파무침

4인분

필수 재료 _ 대파(30cm×2대), 콩나물(2줌=400g)
양념장 _ 파인애플 링(1/2쪽)+설탕(3)+간장(4)+식초(3.5)+굵은 고춧가루(2.5)+다진 마늘(0.7)
양념 _ 소금(약간), 참기름(0.5), 통깨(0.5)

1 통조림 파인애플은 다진 뒤 볼에 나머지 양념장 재료와 섞고,

2 파는 채 썬 뒤 찬물에 3분 정도 담갔다 체에 밭쳐 물기를 제거하고,

3 콩나물은 10분 정도 삶고, 건져서 바로 얼음물에 담그고,

4 볼에 파채와 물기를 뺀 콩나물을 넣고 양념장을 부어 버무리고,

5 참기름과 통깨, 소금을 넣어 가볍게 무쳐 마무리.

샐러드처럼 즐기기에도 좋은

된장겉절이

1 상추와 봄동은 꼭지를 떼고 한입 크기로 뜯고,

2 부추는 깨끗이 손질해 5~6㎝ 길이로 썰고,

3 양파는 곱게 채 썰고,

4 채소는 모두 얼음물에 담갔다 채반에 건져 물기를 제거하고,

5 믹서에 양념장 재료를 모두 넣어 곱게 갈고, 채소와 버무려 마무리.

4인분

필수 재료 _ 상추(2줌=100g), 봄동(1줌=50g), 부추(1줌=50g), 양파(1/2개)

양념장 _ 시판용 쌈장(2)+황설탕(1)+식초(1)+간장(0.5)+물(1)+통깨(0.3)+다진 마늘(0.5)+땅콩버터(0.5)+올리브유(1)

고기를 찍어 먹는 소스로도 좋은

상추간장샐러드

1 상추는 꼭지를 떼어내고 한입 크기로 뜯고,

2 양파는 곱게 채 썰고,

3 찬물에 같이 담가 5분 정도 두고,

4 체에 밭쳐 물기를 빼고,

5 양념장 재료를 한데 섞고, 볼에 상추와 양파를 담아 섞고 양념장을 끼얹어 가볍게 버무려 마무리.

4인분

필수 재료 _ 상추 혹은 쫑상추(2줌=100g), 양파(1개)
양념장 _ 간장(5)+물(5)+사과식초(5)+설탕(5)+매실액(0.5)

고소하고 짭쪼름한
묵은지쌈

① 묵은지를 볼에 담고 설탕과 참기름을 넣어 골고루 간이 배도록 조물조물 무치고,

② 묵은지를 넓게 펴서 줄기와 잎부분을 지그재그로 번갈아가며 쌓아 놓고, 6cm 길이로 썰어 마무리.

4인분
필수 재료 _ 묵은지(1포기)
양념 _ 참기름(1), 설탕(1)

고기의 소화 흡수를 도와주는
명이나물장아찌

① 명이잎은 씻어 물기를 제거하고, 냄비에 양념장 재료를 넣어 끓인 뒤 식히고,

② 명이잎을 보관용기에 담은 뒤 양념장을 붓고 실온에 하루, 냉장실에 하루 정도 숙성해 마무리.

4인분
필수 재료 _ 명이잎(3kg)
양념장 _ 간장(1.5컵)+식초(1.5컵)+물(1.5컵)+설탕(1.5컵)
tip 재료를 각각 1:1:1:1 비율로 섞으면 된다.

아삭아삭 시원한

배깍두기

1 배는 껍질을 벗기고 씨를 제거하고,

2 사방 3㎝ 크기의 주사위 모양으로 썰고,

3 쪽파는 5cm 길이로 썰고,

4 큰 볼에 양념장 재료를 모두 넣어 섞고,

Tip
배는 갈변이 일어날 수 있으니 썰어서 바로 무치는 게 좋으며 손을 힘을 줘서 무치면 배가 물러지고 물이 생겨 지저분해질 수 있으니 가볍게 빨리 무쳐야 한다.

5 배, 쪽파를 넣어 양념이 골고루 묻도록 가볍게 버무리고, 통깨를 솔솔 뿌려 마무리.

4인분

필수 재료 _ 배(1개=300~400g), 쪽파(4대)

양념장 _ 고춧가루(2)+새우젓(2)+소주(2)+다진 마늘(0.5)

양념 _ 통깨(0.5)

고기 쌈에 빠질 수 없는

무초절이

1 무는 둥근 모양을 살려 얇게 저며 썰고,

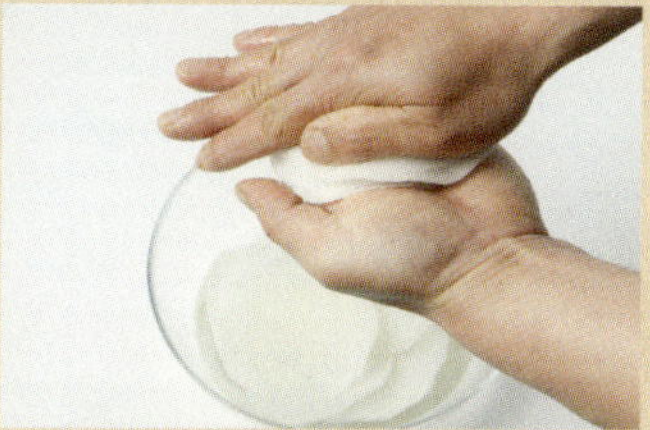

2 손으로 물기를 꼭 짜고, 물에 10분 정도 담가 무의 매운맛을 빼고,

3 냄비에 단촛물 재료를 넣고 한소끔 끓인 뒤 식히고,

4 용기에 무를 1/2분량만큼 담아 단촛물을 1/2분량만 붓고,

5 남겨둔 1/2 분량의 단촛물에 와사비(1)를 넣어 섞고, 나머지 무를 담가 냉장실에서 하루 정도 숙성시켜 마무리.

4인분

필수 재료 _ 무(1개=30cm)
선택 재료 _ 와사비(1)
단촛물 _ 물(1컵)+식초(0.5컵)+맛술(5)+설탕(5)+소금(1)

plus recipe

쌈장 대신

아삭이고추 된장 무침

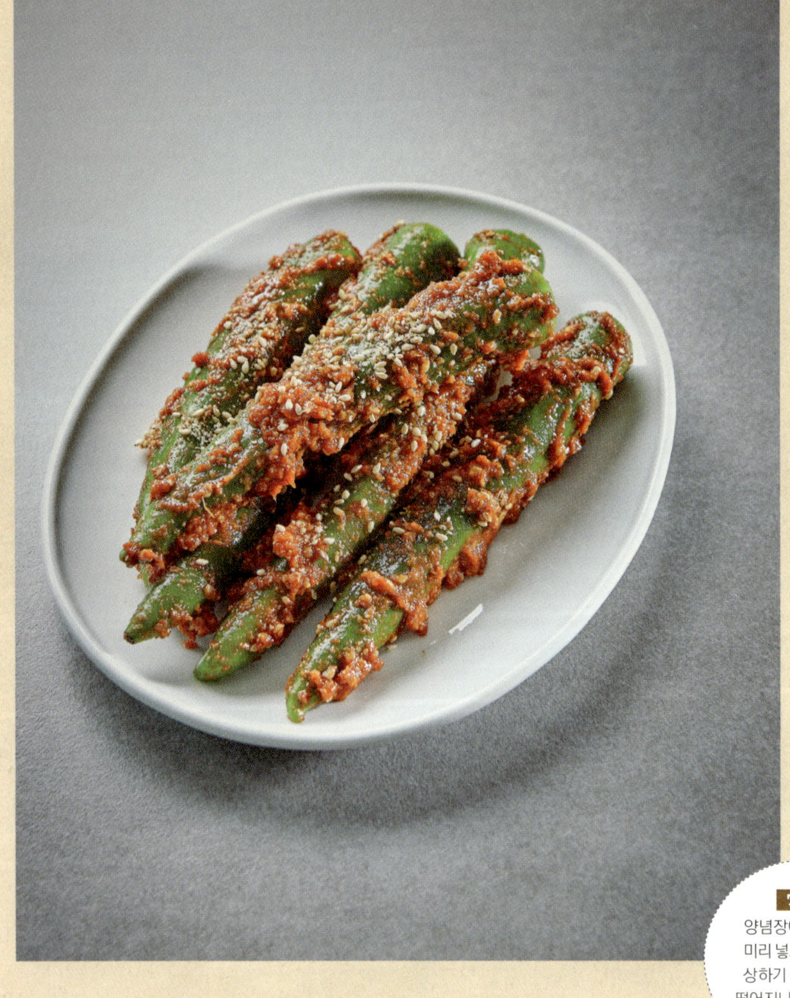

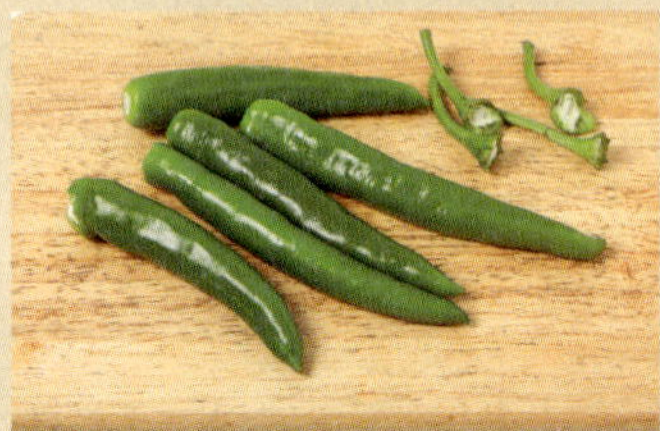

1 아삭이고추는 꼭지를 제거하고,

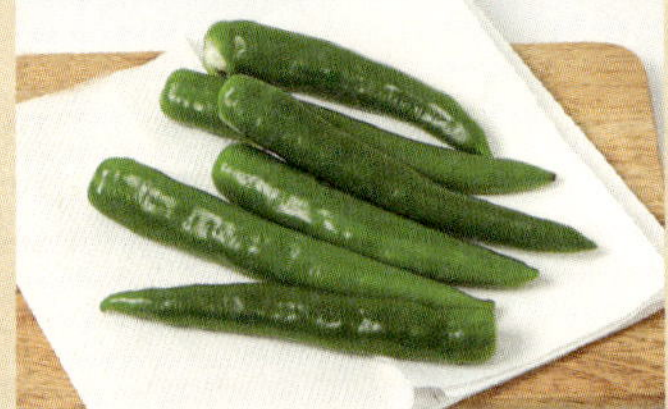

2 물에 씻어 키친타월로 닦아 물기를 말끔히 제거하고,

3 볼에 양념장 재료를 넣어 섞고, 아삭이고추를 넣어 골고루 버무리고,

Tip 양념장에 참기름을 미리 넣으면 된장이 상하기 쉽고 풍미도 떨어지니 무칠 때 넣는 것이 좋다.

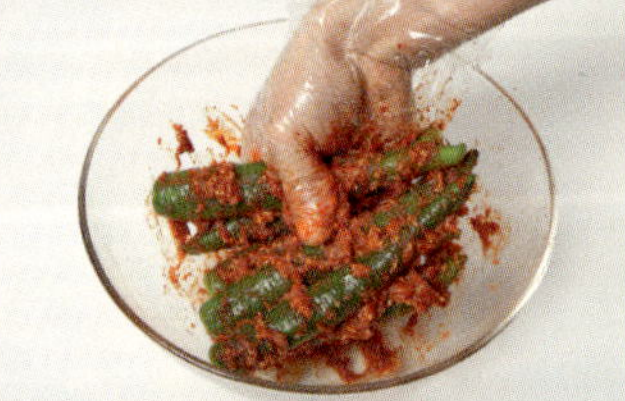

4 참기름을 넣어 한 번 더 뒤섞고,

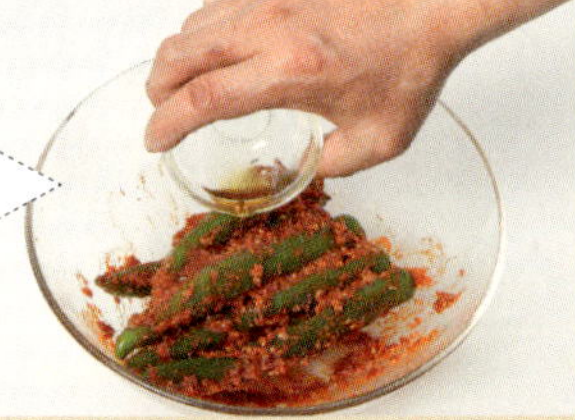

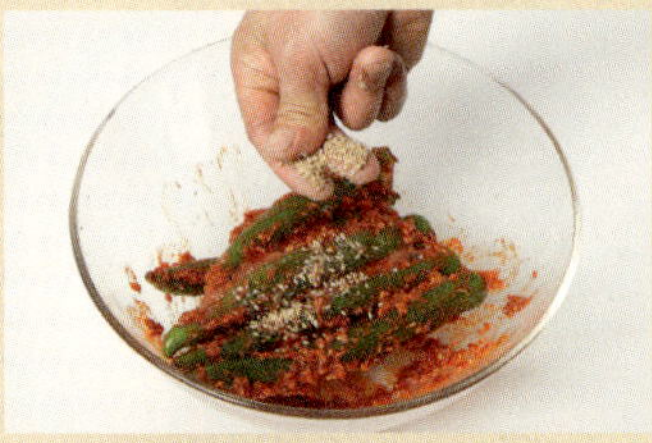

5 통깨를 뿌려 섞어 마무리.

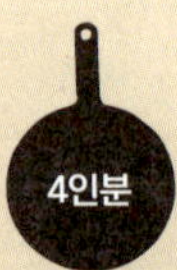

4인분

필수 재료 _ 아삭이고추(10~12개)

양념장 _ 시판 된장(2)+맛술(1)+다진 마늘(0.5)+물엿(0.5)+설탕(0.5)+굵은 고춧가루(0.5)

tip 시판 된장은 찜통에 차가운 물을 붓고 면포를 올려 된장을 부어 15분 정도 찌면 시판 된장의 씁쓸한 맛은 떨어지고 더 부드럽고 고소해진다.

양념 _ 참기름(약간), 통깨(약간)

새콤달콤 아삭아삭

무채샐러드

1. 무는 두께 5mm, 길이 7cm로 채 썰고, 물에 10분 담갔다 건지고,

2. 체에 밭쳐 물기를 제거하고,

3. 쪽파는 5~7cm 길이로 썰고,

4. 파프리카는 반 갈라 씨를 제거한 뒤 무와 비슷한 크기로 채 썰고,

Tip
소금에 절이지 않은 채소들이므로 큰 볼에 담아 살살 털어내듯 조심히 무쳐야 부러지지 않는다.

5. 볼에 양념장 재료와 채소들을 넣어 살살 버무려 마무리.

4인분

필수 재료 _ 무(1개=30cm), 쪽파(10대), 노랑·빨강 파프리카(1개씩)
양념장 _ 설탕(2)+꽃소금(2)+사과식초(7)+사이다(0.7컵)

CHAPTER 3

쇠고기구이

긴 말이 필요 없는 쇠고기 구이. 유난히 기력이 없는 날, 쇠고기나 구워 먹을까 하고 생각나는 이유가 있다. 영양적으로 쇠고기는 대표적인 고단백 식품 중 하나이기 때문이다. 단백질은 우리 몸의 살과 피를 구성하고 면역물질, 호르몬 등의 원료가 된다. 성장기 어린이나 노인에게 쇠고기를 권장하는 이유도 이 때문이다. 중요한 날에도 쇠고기 요리는 빼놓지 않고 올리게 된다. 질 좋은 쇠고기는 이것저것 양념하지 않아도 풍미가 뛰어난데, 신선한 쇠고기의 육즙을 고스란히 가두고 제대로 즐길 수 있는 비법을 배워보자.

임성근이 추천하는 최고의 쇠고기 구이용 부위는!

값비싼 고기라고 늘 좋은 것은 아니다. 요리마다 최적의 부위가 있고, 개인의 취향에 맞는 선택이 가장 이상적인 요리를 완성시킨다. 안심은 부드러운 식감으로 최상급으로 꼽히는데, 부드러우면서 쫄깃하고 씹는 식감이 살아 있는 등심도 구이로 제격이다. 그 외에 채끝살, 부챗살 등도 촉촉하고 부드러운 식감이 좋 으며, 갈빗살과 차돌박이는 두루두루 활용도가 높아 구이 요리할 때 많이 사용한다.

등심에는 맨 위에 붙어 있는 윗등심, 등심에 가운데 붙어 있는 꽃등심, 아래에 붙어 있는 아랫등심이 있는데, 윗등심은 생등심 구이나 스테이크 용으로 적합하며, 꽃등심은 육즙이 가장 진하고 고소하며 감칠맛이 풍부하며 지방에 마블링이 많아 풍미가 매우 좋 다. 구이나 스테이크에도 좋 고 샤브샤브나 로스 편채, 너비아니 구이에도 즐겨 사용한다.

아랫등심은 지방함량이 적은 대신 살코기가 많으므로 일반 구이용보다는 스테이크용으로 더 적합하다.

소의 갈비는 모두 13개의 뼈를 가지고 있는데, 이중에서 1번부터 5번까지의 살을 정형한 것을 본갈비, 6~8번 갈비를 꽃갈비, 9~13번의 갈비를 참갈비라 한다. 우리가 흔히 아는 갈빗살은 늑간살이라 부르는 것인데, 갈비와 갈비뼈 사이의 살이다. 본갈빗살은 음식점에서 보통 생갈비로, 꽃갈빗살은 양념 갈비로 숙성하여 팔고 있으며, 참갈비는 거의 살이 없으므로 갈비탕이나 갈빗살로 정형하여 사용하고 있다.

등심구이 + or

등심은 화력이 좋은 숯불에 구울 때 가장 맛있지만 프라이팬에 굽는다면 연기가 날 만큼 뜨겁게 달군 뒤 올려 굽는다.
프라이팬, 돌판, 주물팬, 석쇠 어디에 굽느냐에 따라 질감이 확실히 다르다. 돌판이나 주물팬에 구우면 고기 표면에서
기름이 흘러나와 표면이 갈색이 되며 고르게 지글지글 익으면서 겉이 바삭해진다. 그러나 익히면 익힐수록 수분 손실이
커진다. 반면 석쇠와 숯불에 구우면 팬에 굽는 것에 비해 더 높은 열과 불이 가해져 고기가 더 부드럽고, 고루 분포된
지방이 숯에 떨어지며 불맛이 고기에 입혀져 특유의 향이 배어든다. 어느 쪽을 먹든 취향이다.

plus info. # 등심, 다양하게 썰기

등심을 어떤 모양으로 써느냐에 따라 다양한 식감으로 즐길 수 있다.

깍둑 썰기 직각 정육면체 커팅은 사실 한국식 쇠고기구이에서는 흔히 볼 수 없
는 모양이다. 가위로 자르지 않고도 편하게 먹을 수 있다는 것이 장점. 여섯 면이
고루 구워지며 통으로 굽는 것보다 숯향이 더욱 잘 배어든다. 만능간장
양념에 살짝 버무려 구워도 맛있다.

> 만능간장
> 만드는 법은
> 36페이지 참고

납작 썰기 두께 7~8mm, 너비 5~6cm로 결 반대로 썰면 한입에 부
드럽게 먹기 좋은 크기가 된다.

다이아몬드 커팅 갈비처럼 등심도 다이아몬드 커팅법으로 손질하면 더 부드러
워지고 불이 닿는 면적이 넓어져 굽는 시간이 줄어들며, 칼집 사이로 숯불이 닿아
고기 중심의 지방까지 열이 전달된다. 커팅은 2mm 간격으로 어슷하게 칼집을
넣는다.

등심구이

필수 재료 _ 두께 13mm 등심(600g)

곁들이 재료 _ 양파(1개), 빨강·노랑 파프리카(1/2개씩), 마늘(8쪽), 애호박(1/2개), 새송이버섯(2개)

양념 _ 소금(0.3), 후춧가루(약간), 식용유(2)

tip 등심은 아주 센 불에서 구워야 육즙을 가둘 수 있는데, 팬이 너무 뜨거우면 고기가 달라붙을 수 있으므로 식용유를 고기에 묻혀 사용하는 것이 좋다.

손질

1 등심은 다이아몬드 모양으로 깊고 촘촘
하게 칼집을 사선으로 넣고,

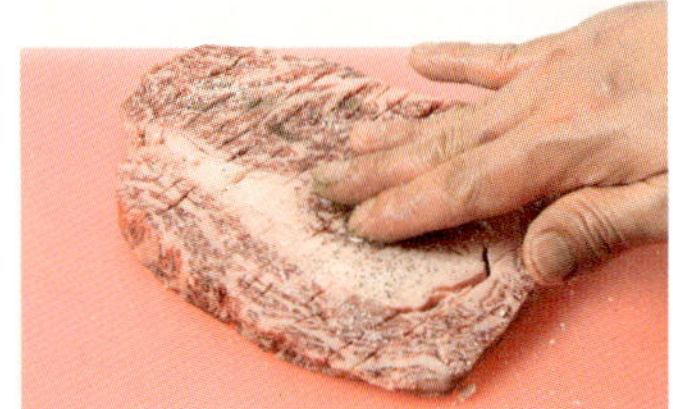

2 소금, 후춧가루를 뿌리고 식용유를 마사
지하듯 톡톡 두드리며 얇게 펴 바르고,

3 양파는 1cm 두께로 썰고, 파프리카는
3×6cm 크기로 썰고, 마늘은 꼭지를
제거하고, 애호박은 1cm 두께로 썰고, 새
송이버섯은 7mm 두께로 썰고,

조리 **석쇠에 구울 경우**

Tip
기름이 떨어져
숯에서 그을음이 많이
오른다면 석쇠에 포일을
감싼다.

4 그릴에 붉은 숯이 되도록 숯불을 피운
뒤 석쇠를 올리고, 석쇠 중앙에 등심을
올리고, 고기 윗면에 육즙이 송글송글 맺히
면 마늘, 애호박, 양파를 가장자리에 올려
함께 굽고,

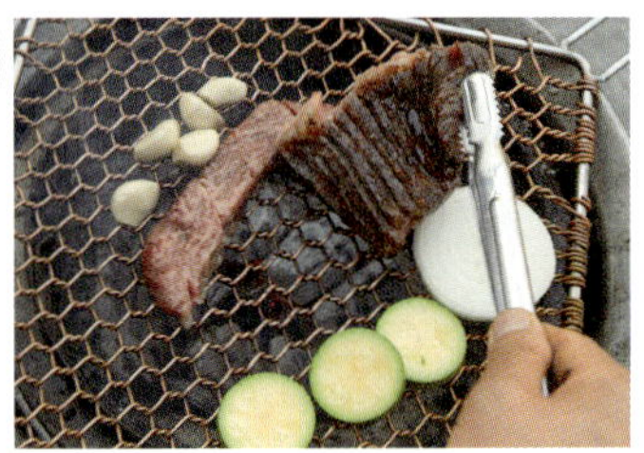

5 3분 정도 있다가 고기를 들춰보아 굽는
면이 노르스름하게 익으면 뒤집고, 버
섯, 파프리카도 올려 함께 굽고,

6 고기 윗면에 육즙이 맺히면 다시 한 번
뒤집어 굽고, 고기가 수축하고 노르스
름한 상태가 되면 한입 크기로 잘라 마무리.

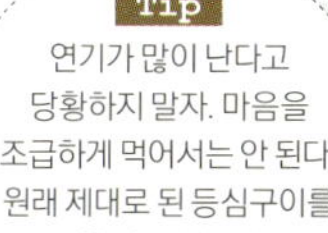

4 팬에 식용유를 약간 두른 뒤 센 불로 3분 정도 달궈 팬 가까이에 손을 올려 뜨거운 열기가 느껴지면,

5 고기를 올려 연기가 마구 피어오르면, 가만히 3분 동안 굽고,

6 가끔 고기를 살짝 들춰보아 짙은 갈색이 되면 뒤집고,

7 반대 면도 3분 동안 굽고,

8 준비한 채소를 팬의 가장자리에 올려 굽고,

9 구운 고기는 식힘망에 올려 1분 정도 두어 마무리.

갈빗살구이 + 

참기름과 다진 마늘, 소금, 청주 등 고소하고
담백한 양념만으로 조물조물 버무려 바로 구우면
씹을수록 고소한 갈비구이를 맛볼 수 있다.
갈빗살은 오래 구우면 질겨지므로 핏물이
어느 정도 보이지 않으면 바로 먹는다.

4인분

필수 재료 _ 두께 7mm, 길이 6cm 갈빗살(600g)

선택 재료 _ 마늘(8쪽), 양파(1개), 새송이버섯(2개)

양념장 _ 꽃소금(0.3)+황설탕(3)+다진 마늘(1)+깨소금(1)+청주(1)+참기름(3)

손질

1 갈빗살은 칼을 45도 각도로 뉘어 고기의 앞뒤로 다이아몬드 모양의 칼집을 넣은 뒤 1cm 너비로 길게 썰고,

2 마늘은 꼭지를 제거하고, 양파는 1cm 두께로 동그랗게 썰고, 새송이버섯은 밑동을 제거해 1cm 두께로 길게 썰고,

3 볼에 양념장 재료를 넣어 고루 섞고,

조리

4 갈빗살을 양념장에 넣어 버무리고,

5 센 불에 팬을 올려 3분 정도 달군 뒤 갈빗살을 올려 치이익 소리가 나면 굽기 시작하고,

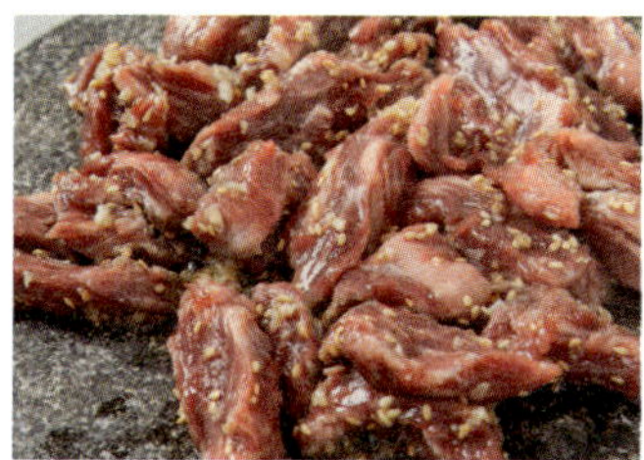

6 2분 정도 구워 윗면에 육즙이 땀방울처럼 송글송글 맺히면 고기를 뒤집고,

7 중간 불로 줄여 손질한 채소들을 함께 올려 2분 정도 더 구워 마무리.

차돌박이구이 

차돌박이는 고기의 결과 직각으로 썰면 하얀 지방이
차돌처럼 보인다 하여 차돌박이라 불린다. 희고 단단한
지방을 함유하고 있으며 고기의 결이 거칠지만 고소하고
지방이 매우 단단하기 때문에 얇게 썰어 먹는 것이 좋다.
뜨겁게 달궈진 돌판이나 주물팬에 구워 먹는 것이 가장
맛있지만 프라이팬에 구워도 된다.

4인분

필수 재료 _ 두께 2mm 냉동 차돌박이(600g)

선택 재료 _ 팽이버섯(2줌), 숙주나물(2줌)

기름장 _ 참기름:소금=1:0.5 비율로 섞은 것

1 팽이버섯은 밑동을 제거하고,

2 숙주나물은 깨끗이 씻어 물기를 제거하고,

3 돌판을 센 불로 3분간 달구고,

4 냉동된 차돌박이를 3~4점 정도만 올리고,

5 10초 뒤에 뒤집어 5초간 더 익힌 뒤 고기를 꺼내 먹고,

6 차돌에서 나온 기름에 팽이버섯과 숙주를 넣어 같이 굽고,

7 다 익은 차돌박이를 팽이버섯과 숙주 위에 올려두고,

8 기름장을 곁들여 마무리.

떡갈비구이 +

달콤한 양념에 부드러운 식감의 떡갈비는 입에 넣는 순간 스르르 녹아 남녀노소, 치아가 약한 이 모두에게 추천하는 메뉴이다. 다진 갈빗살에 양념을 더해 반죽을 한참 치댄 후 굽는 것이 포인트. 석쇠에 직화로 굽는 것이 가장 맛있고, 팬에 구워도 좋 다. 떡갈비구이로 김밥이나 햄버거를 만들어도 별미로 즐길 수 있다.

4인분

필수 재료 _ 갈빗살(600g)

선택 재료 _ 잣(10알), 통깨(1)

양념장 _ 간장(3)+다진 마늘(1)+다진 파(1)+흑설탕(3)+다진 양파(0.5컵=1/2개 분량)+소주(1)+후춧가루(약간)+참기름(1)+식용유(1)

손질

1 쇠고기는 칼로 곱게 다지고,

2 볼에 양념장 재료를 넣어 고루 섞고,

조리

3 다진 쇠고기를 넣어 10분 이상 치대고, 반죽에 끈기가 생기면 등분하고,

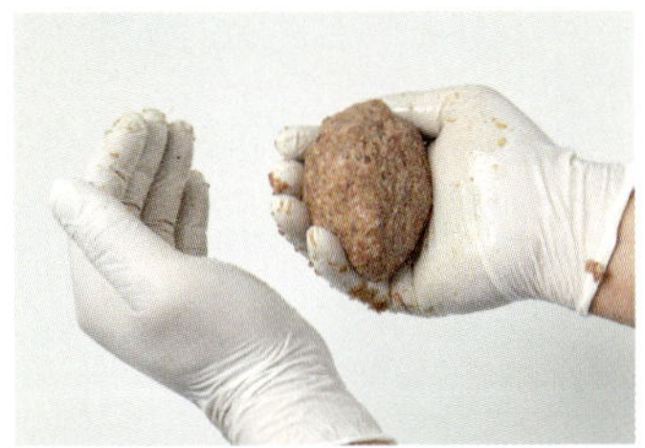

4 각각의 반죽을 양손으로 공을 주고받듯 던져가며 끈기가 생기도록 치대고,

> **Tip**
> 좀 도톰하게 빚으면 햄버그스테이크가 된다.

5 손으로 네모 혹은 동그란 모양으로 납작하게 눌러 빚고,

6 잣은 반으로 접은 키친타월 사이에 넣어 홍두깨로 서너 번 힘주어 으깨고, 손으로 부슬부슬 만져 기름기 쏙 빠진 잣가루를 완성하고,

7 약한 불로 달군 팬에 납작하게 빚은 떡갈비를 올리고 뚜껑을 덮어 2분간 굽고,

8 뒤집어서 다시 뚜껑을 덮고 2분 굽고, 같은 과정을 3번 정도 반복한 뒤 통깨와 잣을 고명으로 올려 마무리.

채끝 스테이크 +

맛있게 구운 쇠고기 구이에 소스를 끼얹고 채소 구이만 곁들이면, 레스토랑 못지않게 근사한 한 끼 플레이트를 완성할 수 있다. 채끝 이외에 등심이나 안심, 돼지 목살 등도 이와 같은 방법으로 스테이크로 즐기기에 좋은 부위다.

손바닥으로 알아보는
고기 굽기 정도

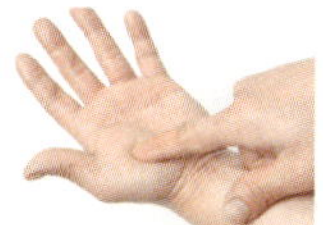 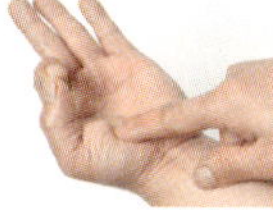 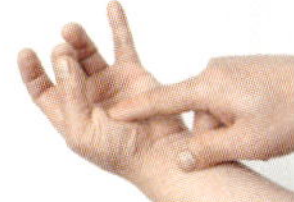 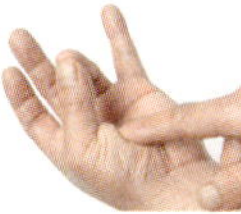

고기를 집게로 눌러 보았을 때 느낌과 엄지손가락 아래 손바닥의 느낌을 대조해보면 쉽게 고기가 구워진 정도를 구별할 수 있다.

레어 손바닥을 펼쳤을 때 엄지손가락 아래 손바닥의 느낌.
미디엄 엄지와 검지를 맞닿았을 때 손바닥의 느낌.
미디엄웰던 엄지와 중지를 맞닿았을 때 손바닥의 느낌.
웰던 엄지와 약지를 맞닿았을 때 손바닥의 느낌.

스테이크소스
만드는 법은
119페이지 참고

다용도로 활용 가능한 스테이크소스

스테이크소스는 잘 구운 스테이크를 맛깔스럽게 해주기도 하지만, 볶음 요리나 오므라이스 등에도 활용할 수 있어 요긴하다. 많이 만들어서 지퍼백에 한 번 먹을 분량씩 소분해 냉동실에 얼려두자. 별다른 밥반찬이 없을 때 약간의 물과 함께 팬에 넣어 끓인 뒤 밥에 끼얹고 달걀프라이 하나만 곁들여도 별미 덮밥이 된다. 갖가지 채소와 버섯 등이 있다면 깍둑 썰어 스테이크소스와 볶아도 맛있다.

채끝 스테이크

필수 재료 _ 두께 2cm 지름 15cm의 채끝등심(4덩이) **tip** 1인분 기준 1덩이=200g이다.

선택 재료 _ 방울토마토(6개), 브로콜리(1/2송이)

양념 _ 소금(0.5), 후춧가루(약간), 마늘(1쪽), 올리브유(6), 실온 상태의 버터(2) **tip** 소금과 후춧가루 대신 시판 허브솔트를 활용해도 좋다.

소스 _ 양송이버섯(4개), 마늘(1쪽), 다진 양파(1), 통후추(15알), 우유(1/3컵), 돈가스소스(1컵), 물(1/2컵), 소금(약간)

1 채끝등심의 양쪽 면에 소금, 후춧가루를 고루 뿌려 밑간한 뒤 3분 정도 두고,

2 방울토마토는 큰 것은 2등분하고, 브로콜리는 한입 크기로 썰고, 양송이버섯은 얇게 저며 썰고,

3 양념용 마늘은 2등분해 칼등으로 눌러 으깨고, 소스용 마늘은 얇게 저며 썰고,

4 센 불로 달군 프라이팬에 올리브유(5)를 두르고, 연기가 올라오면 채끝살을 올리고 2분 정도 굽고,

5 갈색이 되면 뒤집어 중간 불로 낮추고,

6 버터(2)를 넣어 녹이고, 으깬 마늘을 넣어 마늘 향을 내고, 고기에 기름을 끼얹어가며 미디움, 웰던, 레어 등 기호에 따라 마저 굽고, 접시에 담고 육즙이 고루 퍼지도록 스테이크를 상온에 두고,

소스 만들기

7 고기를 구운 프라이팬에 다진 양파와
저며 썬 마늘을 넣어 센 불로 볶다가 마
늘이 노릇해지면 통후추를 으깨 넣어 볶고,
양송이버섯을 넣어 숨이 죽을 때까지 볶고,

8 우유와 돈가스소스를 부어 걸쭉해질
때까지 끓이고,

9 물을 조금씩 부어가며 소스의 농도를
조절하고, 소금으로 간하고,

토핑 만들기

10 다른 프라이팬에 올리브유(1)를 둘러
브로콜리를 볶고,

11 살짝 익으면 방울토마토를 넣어 소금,
후춧가루로 간하며 볶고, 구운 고기에
소스를 뿌리고 볶은 브로콜리와 방울토마
토를 곁들여 마무리.

고소함의 결정체

흑임자팽이버섯무침

1 통깨를 절구에 넣어 갈고, 볼에 소스 재료를 모두 넣어 고루 섞고,

2 팽이버섯은 밑동을 잘라내 2등분하고,

3 영양부추는 5cm 길이로 썰고,

4 볼에 버섯, 부추를 넣고 들기름을 둘러 고루 버무리고,

5 소스를 넣고 버무려 마무리.

4인분

필수 재료 _ 팽이버섯(2줌), 영양부추(1줌)

소스 _ 통깨(1)+흑임자가루(2)+들깻가루(1)+소금(0.5)+후춧가루(약간)

양념 _ 들기름(1)

아삭아삭 상큼한

연근초절임

4인분

필수 재료 _ 연근(1kg))
연근 데치기용 재료 _ 물(2L)+소금(2)+식초(3)
양념장 _ 사이다(1.5컵)+소금(1)+유자청(1.3컵)+사과식초(2컵)

1 냄비에 연근 데치기용 재료를 넣고, 끓어오르면 1cm 두께로 썬 연근을 넣어 1분간 데치고,

2 찬물에 씻어 물기를 제거하고, 밀폐 용기에 연근을 담고 양념장을 부어 냉장고에 하루 정도 보관해 마무리.

한 끼 식사로도 손색없는

흑임자연두부샐러드

4인분

필수 재료 _ 연두부(2팩=500g), 어린잎채소(1/2줌=20g)
소스 _ 물엿(0.4컵)+간장(5)+맛술(5)+식초(2)+사이다(4)+설탕(2)+흑임자가루(5)

Tip
끓는 물에 1분 정도 데치면 물기도 빠지고, 식감도 탱글탱글 좋아진다.

1 연두부는 키친타월에 올려 물기를 뺀 뒤 3등분하고,

Tip
흑임자가루는 섞기 직전에 절구에 빻아 사용하는 것이 훨씬 고소하다.

2 소스를 만들어 연두부에 뿌린 뒤 어린잎채소를 올려 마무리.

고기의 소화를 돕는
토마토샐러드

1 토마토는 끓는 물에 30초 정도 데친 뒤 찬물에 담가 껍질을 벗겨 다지고,

2 오이는 2mm 두께로 썰고, 당근은 꽃 모양으로 썰거나 오이처럼 썰고,

3 채소를 모두 찬물에 5분 정도 담갔 다 체에 밭쳐 물기를 빼고,

4 파인애플은 굵직하게 다지고, 레몬을 즙을 낸 뒤 나머지 소스 재료와 섞고,

5 그릇에 손질한 채소를 담고 소스를 뿌려 마무리.

4인분

필수 재료 _ 잘 익은 토마토(1kg)
토마토 데치기용 재료 _ 물(1L), 소금(1)
양념장 _ 오이(1개), 당근(6cm), 양상추(1/2통=200g), 무순(1/2줌=30g)
tip 상추나 잎채소 등 냉장고 속 자투리 채소를 넣어도 된다.
소스 _ 파인애플 링(1쪽)+레몬(1/2개)+올리브유(3)+설탕(0.7컵)+소금(2)+식초(2)

간단하면서 고급스러운
쪽파강회

1 쪽파는 끝 부분을 잘라 다듬고,

2 소금을 넣은 끓는 물에 쪽파 흰부분을 넣어 20초 정도 잡고 있다가,

3 완전히 넣어 40초 데친 뒤 찬물에 씻어 물기를 제거하고,

4 쪽파 흰부분을 5cm 길이로 접고,

5 파란부분으로 돌돌 말고, 꼬치로 끝을 끼우고 양념장을 곁들여 마무리.

4인분

필수 재료 _ 쪽파(20대), 굵은 소금(1), 물(1L)
양념장 _ 고추장(2)+식초(2)+설탕(1.5)+생강즙(약간)+다진 마늘(0.5)+깨소금(1)

고기와 함께 구워먹어도 별미

더덕무침

1 통깨를 절구에 넣어 갈고, 양념장은 섞어두고,

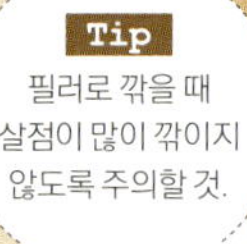

Tip
필러로 깎을 때 살점이 많이 깎이지 않도록 주의할 것.

2 더덕은 흙을 깨끗이 씻어내고 감자 필러로 껍질을 벗기고,

3 길게 반 가르고 홍두깨로 살살 두드려 부드럽게 하고,

4 결 따라 먹기 좋게 찢고,

5 더덕을 참기름으로 버무린 뒤 양념장과 통깨를 넣고 버무려 마무리.

4인분

필수 재료 _ 더덕(600g)

양념장 _ 고추장(4)+고운 고춧가루(1)+다진 마늘(1)+황설탕(1)+간장(1)+맛술(1)+청주(1)+물엿(2)+물(1)

양념 _ 통깨(1), 참기름(2)

고품격 한식 샐러드

홍시죽순채무침

4인분

필수 재료 _ 통조림 죽순(300g)

선택 재료 _ 숙주(2줌=100g), 미나리(1줌=60g)

소스 _ 홍시(2개=300g)+식초(2)+소금(0.3)+꿀(2)

양념 _ 참기름(약간), 소금(약간)

1 홍시는 껍질을 제거하고 체에 내려 나머지 소스 재료와 섞고,

2 죽순은 석회가루를 제거한 뒤 얇게 저며 썰고,

3 팬에 죽순과 참기름, 소금을 넣어 센 불에서 2분간 볶아내고,

4 숙주는 끓는 물에 2분 정도 데친 뒤 참기름과 소금에 버무리고,

5 미나리는 끓는 물에 30초 데쳐 참 기름과 소금에 버무리고, 접시에 준 비한 재료를 모두 담아 마무리.

궁중요리 스타일의

청포묵냉채

1. 오이는 길이로 반 갈라서 씨를 뺀 뒤 3mm 두께로 어슷하게 저며 썰고,

2. 청포묵은 끓는 소금물에 1분간 투명하게 데쳐 물에 씻어 물기를 제거하고,

3. 오이, 숙주는 끓는 물에 각 30초, 1분간 데쳐 찬물에 헹궈 물기를 빼고,

4. 구운 김은 봉지에 넣어 굵게 부수고,

5. 묵과 채소, 양념장을 버무려 접시에 담고 부순 김을 올려 마무리.

4인분

필수 재료 _ 오이(1/2개), 숙주(2줌=100g), 청포묵(1모=200g), 구운 김(1장)
양념 _ 물(3컵), 소금(0.5)
양념장 _ 간장(2)+식초(2)+매실액(2)+깨소금(1)

쇠고기구이 맛 살리는
쌈장 & 소스

즉석 맛고추장

고추장 대신 즉석으로 만드는 맛고추장은 훨씬
깔끔하고 군내가 없어 곁들이 쌈장으로 제격이다.
3개월 정도 냉장 보관하면서 먹을 수 있는데,
나물무침, 찌개 등에도 활용할 수 있다.

필수 재료
물(3), 물엿(2컵), 소금(1.5), 청주(3), 쌀된장(혹은
미소된장 1.5컵), 고운 고춧가루(1.5컵), 다진
마늘(1.5), 맛술(2)

조리
1 냄비에 물과 물엿을 넣어 센 불로 끓어오르면,
2 소금, 청주를 넣어 약한 불로 3분간 끓이다가
된장을 넣고 저어 덩어리를 풀고,
3 고춧가루와 다진 마늘을 넣어 섞고,
4 맛술을 넣어가며 고추장 농도를 조절한 뒤 불을
끄고 식혀 마무리.

허브소금

시판 허브솔트만 곁들여도 되지만, 직접 볶은
소금과 통깨를 더하면 더 진한 감칠맛과 고소함을
맛볼 수 있다.

필수 재료
굵은 천일염(1컵), 후춧가루(1), 시판용
허브솔트(3), 파슬리가루(1), 통깨(3)

조리
1 센 불로 달군 프라이팬에 소금을 넣어 10분
이상 볶고,
2 후춧가루(1)와 함께 절구에 넣어 거칠게 부수고,
3 나머지 재료를 넣고 마른 손으로 5분 정도 비벼
섞어 마무리.

채소소스

취향에 따라 연겨자(1)를 더하면 알싸하면서도
새콤한 맛이 고기의 느끼함을 잡아주어 질리지
않게 먹을 수 있다.

필수 재료
영양부추(1줌), 양파(1개)
소스
레몬즙(1/3개 분량)+물(6)+간장(4)+
설탕(2)+식초(2)+맛술(1)+사이다(1)
손질
1 볼에 레몬즙을 짜 넣고, 나머지 소스 재료와

고루 섞어 시원해질 정도로 냉장 보관해두고,
2 영양부추는 5cm 길이로 썰고, 양파는 곱게 채
썰어 찬물에 3분 정도 담갔다 건져 물기를
제거하고,

조리
3 접시에 채소를 담고 소스를 뿌려 마무리.

된장쌈장

묽고 짜지 않게 만든 소스로, 마요네즈와
땅콩버터가 쇠고기의 고소함을 배가시킨다.

필수 재료
다진 사과(1/4개 분량)+시판용
쌈장(4)+식용유(4)+참기름(2)+다진
마늘(2)+사이다(5)+통깨(1)+설탕(4)+굵은
고춧가루(2)+마요네즈(2.5)+땅콩버터(3)
굵은 고춧가루는 핫소스(30g)로 대체 가능하다.

조리
1 사과는 곱게 다지고,
2 볼에 나머지 재료와 함께 넣어 고루 섞어
마무리.

CHAPTER 4

쇠고기 불고기

불고기는 크게 숯불에 구워 먹는 간장불고기, 전골팬이나 동판에 육수를 부어
자작하게 끓이면서 먹는 전골식 간장불고기, 소금으로 양념하여 먹는 소금불고기 등
세 가지로 나눌 수 있다. 간장으로 하는 불고기의 양념은 거의 비슷비슷하나 토핑에
따라서 조금씩 이름이 다르고, 유명한 가게나 지역 이름으로 구분되기도 한다.
흔히 바싹불고기, 광양불고기, 언양불고기라고 불리는 것은 모두 숯불에 굽는
간장불고기다.
캠핑이나 야외에 나가면 숯불에 양념한 고기를 굽기가 수월하나, 가정용 가스불에
석쇠를 올리고 양념한 고기를 올려 굽다가는 탄내만 나고 고기도 제대로 익히지
못한다. 집에서 만들 때는 센 불로 달군 팬에 양념한 고기를 넣어 볶다가 수분이
생기면 채반에 받치거나 토치로 수분을 날린 뒤 석쇠에 올려 마저 굽는다. 그러면
양념이 떨어지지 않고 맛있는 석쇠구이로 완성할 수 있다.

임성근이 추천하는 최고의 불고기 부위

광양불고기, 언양불고기, 바싹불고기 등은 채끝살로 양념하여 먹는 것이 가장 적당하다.
등심도 맛이 좋 지만 가격이 비싸 흔하게 사용하지는 못한다. 시중에 불고기용으로 나오는
고기는 대부분 목심살이다. 목심살은 가격도 저렴하고 지방이 적다. 고기의 결이 부드럽지
않은 편이므로 3mm 정도로 얇게 썰어 양념에 재워 먹는다. 목심살의 특유의 육즙이 풍부해
씹으면 씹을수록 고소한 감칠맛이 우러난다. 단 목심살은 살짝 질긴 맛이 있으므로 불고기
양념에 재워 하루 이상 숙성한 뒤 조리해야 부드럽고 감칠맛 나는 불고기로 즐길 수 있다.

동판을 숯불 위에 올려 구워 먹던 것이 옛날식 불고기이나 프라이팬을 센 불로 달궈 살짝만 구워 먹어도 맛있다.
고기를 먹다가 남은 불고기 국물에 냉면 사리를 삶아 같이 볶아 먹기도 한다.

필수 재료 _ 두께 3mm, 너비 5cm 목심살(600g)

선택 재료 _ 양송이버섯(6개), 쪽파(6대)

양념장 _ 불고기 양념(6컵)

불고기 양념은
36페이지 참고

1 고기는 양념장에 재운 뒤 밀폐해 냉장실에서 2시간 정도 숙성하고,

2 양송이버섯은 밑동을 제거해 3mm 두께로 썰고,

3 쪽파는 6cm 길이로 썰고,

Tip
저어가며 고기를
풀어주지 않으면
익으면서 고기가 서로
뭉치게 된다.

4 센 불로 달군 팬에 고기를 펼쳐 올리고 양념장을 자작하게 붓고,

5 회색으로 살짝 색이 변하기 시작하면 젓가락으로 휘휘 저어가며 뭉치지 않게 익히고,

6 고기가 얇아 금방 익으므로 핏기가 없어질 정도로만 익힌 뒤 약한 불로 줄여 천천히 끓여가면서 먹고,

7 양송이버섯과 쪽파를 넣어 마저 익혀 마무리.

뚝배기불고기 +

뚝배기 불고기는 회사원들이 점심시간에
고기 요리를 부담 없이 먹을 수 있도록
1인용 뚝배기에 나오는 불고기로,
간단하게 고기 요리를 즐기기 좋은 메뉴이다.

필수 재료 _ 두께 3mm, 너비 5cm 목심살(600g)

선택 재료 _ 당면(1줌=100g), 팽이버섯(2봉), 쪽파(8대)

양념장 _ 불고기 양념(5컵)

불고기 양념은
36페이지 참고

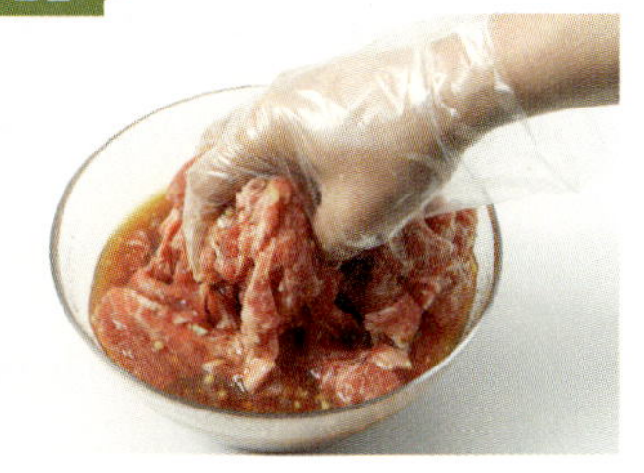

1 고기는 양념장에 재운 뒤 밀폐해 냉장실에서 2시간 정도 숙성하고,

2 당면은 찬물에 담가 1시간 이상 불렸다 건져 물기를 빼고,

3 팽이버섯은 밑동을 제거해 가닥가닥 떼고, 쪽파는 6cm 길이로 썰고,

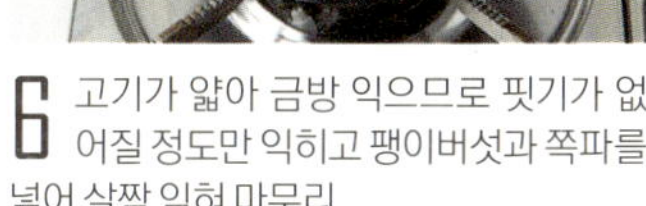

4 뚝배기에 불린 당면을 깔고 고기를 올린 뒤 양념장을 자작하게 붓고,

5 센 불에서 고기가 덩어리지지 않도록 휘휘 저어가며 익히고,

6 고기가 얇아 금방 익으므로 핏기가 없어질 정도만 익히고 팽이버섯과 쪽파를 넣어 살짝 익혀 마무리.

불고기버섯전골 

가장 대중화된 불고기 메뉴. 전골팬에 황금비율 양념과 불고기를 넣고 물 혹은 육수를 부은 뒤 쪽파, 대파, 양파 등의 채소와 불린 당면이나 냉면 등을 추가해 끓여 먹는다. 각종 버섯들도 잘 어울린다. 전골식으로 끓이면서 먹는 불고기는 시간이 지날수록 간이 세지므로 정확한 비율이 중요하다.

필수 재료 _ 두께 3mm, 너비 5cm 목심살(600g)

선택 재료 _ 당면(1/2줌=50g), 느타리버섯(4줌=200g), 팽이버섯(1봉), 양송이버섯(6개), 표고버섯(3개), 배추(2장), 쑥갓(1줌=50g),
홍고추(1개), 당근(6cm), 대파(30cm)

양념장 _ 불고기 양념(6컵)

불고기 양념은
36페이지 참고

손질

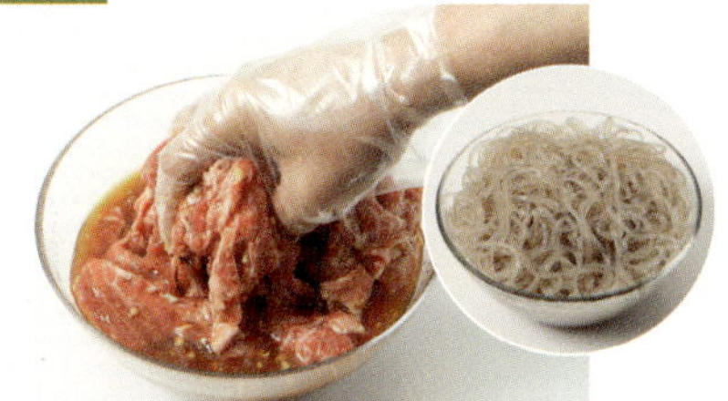

1 고기는 양념장에 재운 뒤 밀폐해 냉장실
에서 2시간 정도 숙성하고, 당면은 찬물
에 담가 1시간 이상 불렸다 물기를 빼고,

2 느타리버섯과 팽이버섯은 밑동을 떼고
가닥가닥 뜯고, 양송이버섯과 표고버섯
은 밑동을 제거해 5mm 두께로 도톰하게
썰고,

3 배추는 6cm 길이로 썰고, 쑥갓은 밑동
을 약간 제거하고, 홍고추는 3cm 길이
로 어슷 썰어 씨를 털고, 당근은 2mm 굵기
로 채 썰고, 대파는 6cm 길이로 썰고,

조리

Tip
고기를 한꺼번에 넣어
익히면 질겨지므로 2~3번에
나누어 넣는다. 양념장 또한
조금씩 부어가며 조리하여
먹는 게 맛있다.

4 전골 팬에 팽이버섯과 쑥갓을 제외한
채소들을 돌려 담고, 가운데 당면을 올
리고, 양념한 고기의 1/3 정도를 올리고,

5 양념장을 가장자리에 부어 끓어오르면
고기가 뭉치지 않도록 젓가락으로 풀
어가며 익히고,

6 팽이버섯과 쑥갓을 넣어 살짝 익히고,
남겨둔 고기를 나눠 익혀 마무리.

시중에 소개되는 바싹불고기를 총칭하여 언양불고기라 한다. 언양 지역의 특산물인 쇠고기를 얇게 썬 후 국물 없이 양념하여 만든 불고기로, 연한 등심이나 안심을 활용하면 가장 맛있지만 목심살로 조리해도 괜찮다. 고기와 양념을 주물러 간이 배도록 한 뒤 석쇠에서 양념한 고기를 타지 않도록 주의하며 굽는데, 고기가 얇기 때문에 숙성 과정 없이 버무린 뒤 바로 구워도 된다.

필수 재료 _ 두께 4mm, 너비 5cm 목심살 or 채끝(600g)

양념장 _ 대파(15cm)+배(1/6개)+황설탕(4)+소금(0.8)+참기름(4)+다진 마늘(1.5)+물(3)+간장(1)+후춧가루(약간)

손질

1 대파는 송송 썰고, 배는 곱게 다지고,

2 볼에 나머지 양념장 재료와 함께 넣어 고루 섞고,

3 고기를 넣어 주물러가며 버무리고,

조리

4 그릴에 붉은 숯이 되도록 숯불을 피운 뒤 석쇠를 올리고,

5 고기를 펼쳐 올리고,

6 석쇠를 툭툭 쳐주면서 두세 번 정도만 뒤집어가며 굽고,

7 고기에서 윤기가 나게 구워 마무리.

광양불고기

쇠고기를 얇게 썰어 간장, 설탕, 배즙 등으로 양념하여 구리 석쇠에 숯불로 구워 먹는 전라남도 광양 지역의 불고기다. 예부터 광양은 숯이 좋기로 유명하여 숯에 구워 먹는 광양식 불고기가 발달한 것이다. 언양식 불고기보다 약간 더 두껍게 요리하며, 열전도율이 좋고 고기가 석쇠에 달라붙지 않는 구리 석쇠에 구워 타지 않고 빨리 익는다.

필수 재료 _ 두께 4mm, 너비 5cm 채끝 or 목심살(600g)

양념장 _ 배(1/2개)+물(4)+간장(4)+황설탕(4)+맛술(1)+다진 마늘(1)+후춧가루(약간)+생강즙(약간)+참기름(2)

손질

1 배는 곱게 다지고,

2 볼에 나머지 양념장 재료와 함께 넣어 고루 섞고,

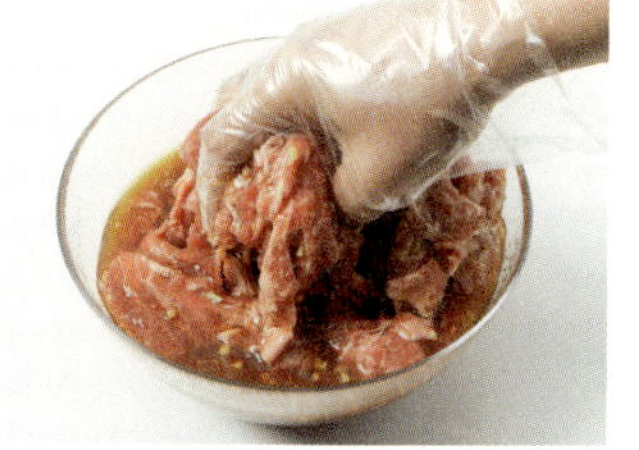

3 고기를 넣어 주물러가며 버무리고,

조리

붉은 숯
피우기는
32페이지 참고.

4 그릴에 붉은 숯이 되도록 숯불을 피운 뒤 석쇠를 올리고,

Tip
석쇠를 툭툭 쳐주면 고기가
석쇠에 달라붙지 않고,
고기의 육즙이 숯에 떨어져
향이 배고 고기가 더 맛있게
구워진다.

5 고기를 펼쳐 올리고, 석쇠를 툭툭 쳐주면서 자주 뒤집어가며 굽고,

6 고기에서 윤기가 나도록 먹기 좋게 익혀 마무리.

수원 소금불고기 + ⊙

소금불고기는 수원불고기라고도 불린다. 수원에서는 갈비도 소금양념으로 해서 먹는데,
간장으로 양념한 것보다 맛이 담백하고 깔끔한 것이 특징이다. 시금치를 볶아 곁들이는 것도
매력적. 돌판 위에서 조리하는 것이 가장 맛있고, 구운 뒤 육장과 곁들여도 잘 어울린다.

육장 만드는 법은
37페이지 참고

수원 소금불고기

필수 재료 _ 두께 3mm, 너비 5cm 목심살(600g), 시금치(3줌=200g)

tip 시금치는 노지 시금치가 좋으며 데치지 말고 생으로 같이 볶아 먹는 게 맛있다. 취향에 따라 숙주를 넣어도 좋다.

선택 재료 _ 대파(30cm), 양파(1/2개), 느타리버섯(2줌=100g), 팽이버섯(1봉), 달걀(1개)

양념장 _ 청양고추(2개)+배(1/5개)+맛소금(1)+설탕(4.5)+후춧가루(약간)+통깨(1)+참기름(3)+맛술(2)+다진 마늘(1)

tip 청양고추는 기호에 따라 가감해도 된다.

손질

1 시금치는 밑동을 떼고 씻어 물기를 제거
하고,

2 대파는 5cm 길이로 채 썰고, 양파는
5mm 두께로 채 썰고,

3 버섯은 밑동을 제거해 가닥가닥 뜯고,

4 청양고추와 배는 곱게 다지고,

5 나머지 양념장 재료와 함께 넣어 섞은
뒤 고기를 넣어 주물러가며 버무리고,

6 가스불 위에 돌판을 올리고 센 불로 달구고,

7 돌판 가까이에 손을 올려봐서 뜨거운 열기가 느껴지면 고기를 올리고,

8 시금치, 대파, 양파, 팽이버섯도 함께 올리고,

9 연기가 살짝 나고 치이익 소리가 나면서 구워지는지 확인하고, 젓가락으로 휘휘 저어가며 덩어리지지 않도록 굽고,

10 어느 정도 익으면 가장자리로 밀어 약한 열로 따뜻하게 유지하며 먹고,

11 달걀을 잘 풀어 소스로 곁들여 마무리.

plus info.

질긴 여름 대파 맛있게 즐기는 법

주로 여름에 나는 대파는 질긴 편이다. 또 대파를 냉장실에 오래 보관할수록 질겨지는데, 이럴 때는 대파를 자르는 방법만 달리해도 부드럽게 즐길 수 있다.

대파를 길이로 반 갈라서 심지를 빼고,

결 반대로 썰고,

물에 2~3분 정도 담갔다 곱슬곱슬 말리면 건져 마무리.

시래기불고기

불고기에 시래기가 더해지면 의외로 맛이 잘 어울린다. 시래기는 섬유질이 풍부해
육류와 함께 섭취 시 소화 흡수를 도와주고 콜레스테롤 수치를 떨어뜨려 준다.

필수 재료 _ 두께 3mm, 너비 5cm 목심살(600g), 건시래기(1줌=100g) **tip** 삶은 시래기를 구매할 경우에는 1줌(=300g)이 적당하다.

선택 재료 _ 당면(1/2줌=50g), 팽이버섯(1봉=150g), 양송이버섯(6개), 표고버섯(2개), 대파(30cm)

양념장 _ 된장(1), 불고기 양념(6컵)

1 당면은 찬물에 담가 1시간 이상 불렸다 건져 물기를 빼고,

2 시래기는 찬물에 2시간 이상 담갔다가 끓는 물에 40분 정도 삶아 찬물에 여러 번 헹궈 물기를 꼭 짜 줄기의 껍질을 벗기고, 5cm 길이로 썰어 된장에 버무리고,

3 팽이버섯은 밑동을 제거해 가닥가닥 떼고, 양송이버섯과 표고버섯은 밑동을 떼 5등분하고, 대파 흰부분은 칼등으로 눌러 부드럽게 한 뒤 길게 반 갈라 6cm 길이로 썰고,

4 전골냄비에 손질한 버섯과 채소를 돌려 담고, 가운데 불린 당면을 올린 뒤 고기의 1/3을 올리고,

5 양념장을 자작하게 붓고,

6 양념장이 자글자글 끓어오르면 고기가 뭉치지 않도록 젓가락으로 저어가며 익혀 마무리.

주물럭 +

불고기는 보통 1.5~3mm 두께로 조리하는데, 주물럭은 7mm 두께로 썰며
즉석에서 양념을 조물조물 버무려 구워 먹는 것을 일컫는다. 주물럭이라는
메뉴가 탄생한 계기는 등심이나 소를 손질하다 보면 자투리 고기가 생기게
되는데, 그 고기를 바로 양념하여 먹던 것에서 유래했다.

4인분

필수 재료 _ 두께 7mm, 너비 3~5cm 목심살(또는 등심 갈빗살 600g)

선택 재료 _ 양파(1개), 새송이버섯(2개), 버터(1조각=3×3cm)　**tip** 버터가 더해지면 고소한 향이 한층 더 고기에 풍미를 살려준다.

양념장 _ 배(1/5개)+물(3.5)+간장(2.5)+황설탕(2.5)+맛술(1)+다진 마늘(1)+후춧가루(약간)+생강즙(약간)+참기름(3)

1 배는 곱게 갈거나 다져 나머지 양념장 재료와 함께 넣어 고루 섞고,

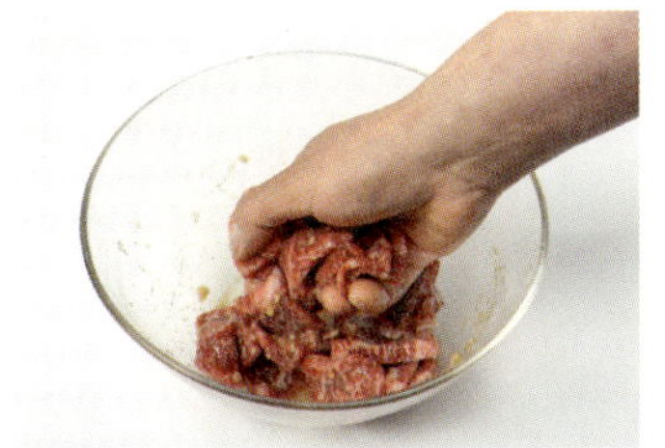

2 고기를 넣어 주물러가며 버무리고,

3 양파는 1cm 두께로 동그랗게 썰고, 새송이버섯은 밑동을 제거해 4mm 두께로 길게 썰고,

4 팬을 센 불로 달군 뒤 버터를 넣어 녹이고, 중간 불로 낮춰 고기와 양파를 올리고,

5 고기 표면에 육즙이 맺히기 시작하면 젓가락을 이용하여 뒤집고,

6 약 30초간 더 익힌 뒤 다 구워진 고기는 양파 위에 올려두고, 새송이버섯을 올려 살짝 구워 마무리.

LA갈비찜 

 ## 한식에 자주 쓰이는 고명

같은 음식이라도 어떤 접시에 담느냐에 따라 더 맛깔스러워 보일 수 있듯이, 고명을 올리면 훨씬 정갈하고 고급스러워진다. 전골 요리나 탕, 갈비찜 등에 자주 등장하는 달걀지단, 은행, 견과 고명을 예쁘게 만드는 방법을 알아두자.

달걀지단

1 달걀의 흰자와 노른자를 분리하고,
2 달걀을 풀어 체에 내리고,
3 팬을 중간 불로 달궈 식용유를 얇게 바르고 불을 잠깐 끄고 한 김 식힌 뒤 달걀물을 부어 중약 불에서 고루 익히고,
4 달걀물이 흐르지 않는 정도로 익으면 긴 젓가락을 이용해 지단을 뒤집고 뒤집개로 살살 눌러 완전히 익히고,
5 용도에 따라 썰어 마무리.

> **Tip**
> 노른자는 양이 적고 퍽퍽하며 진노란색을 띠므로 흰자를 약간 넣는다.

> **Tip**
> 이 과정을 거치면 부드럽고 반듯한 달걀지단을 부칠 수 있다.

> **Tip**
> 구절판이나 오이선에는 아주 얇고 가늘게 채 썰고, 잡채나 갈비찜에는 약간 넓은 사각형으로 채 썰거나 마름모 모양으로 썰고, 누름적에 끼울 경우 달걀말이처럼 말아 도톰하게 만들어 끼우기도 한다.

은행

1 은행은 딱딱한 껍데기를 까고,
2 센 불로 달군 팬에 식용유를(0.5)를 두르고 은행을 소금(약간)과 함께 넣어 약한 불로 굴리면서 3분 정도 볶고,
3 키친타월에 올려 뜨거울 때 살살 문질러 속껍질을 벗기고,
4 갈비찜, 전골에 그대로 고명으로 올리거나 두세 알씩 꼬치에 꿰어 올려 마무리.

잣

1 깨끗한 면포에 청주를 뿌린 뒤 잣을 넣어 비벼 닦고,
2 고깔을 떼고,
3 통째로 고명으로 쓰거나 길게 반 가른 비늘잣으로 사용하고,
4 잣가루를 사용할 때는 도마 위에 키친타월을 깔고 잣을 올려 키친타월을 접어 덮고, 홍두깨로 힘을 주어 눌러 으깨고,
5 기름기가 빠지고 손으로 문지르면 보슬보슬한 잣가루 완성.

등갈비, 뼈갈비도 좋지만 갈비 하면 LA갈비가 으뜸이다. 반찬으로, 술안주로 두루두루 잘 먹을 수 있는
메뉴로 손님 초대 때나 명절에도 빠지지 않는 메뉴이기도 하다. 영양이 그득하고, 한번 재워 놓으면
일주일은 두고 먹을 수 있어 든든하기까지! 달콤 짭조름한 맛이 밥도둑이다.

LA갈비찜

필수 재료 _ 두께 2cm LA갈비(2kg), 설탕(1컵), 대파(30cm×2대), 양파(1/2개), 마늘(9쪽)

선택 재료 _ 무(6cm), 당근(5cm), 건고추(2개), 꽈리고추(5개), 표고버섯(3개)

양념장 _ 사과(1/2개), 배(1/3개)+간장(0.5컵)+흑설탕(2)+물엿(2)+후춧가루(0.5)

tip 갈비찜에 흰설탕 대신 흑설탕을 사용하면 색과 풍미가 더 진하고 풍부해진다.

손질

1 갈비는 칼집을 촘촘하게 내고 설탕과 고루 섞어 3시간 이상 두고,

2 믹서에 사과와 배를 넣어 곱게 간 뒤 나머지 양념장 재료와 고루 섞고,

3 대파는 길이로 4등분하고, 양파는 2등분하고, 마늘은 꼭지를 제거해 칼 옆면으로 눌러 으깨고,

4 무는 사방 4cm 크기로 깍둑 썰고, 당근은 3등분해 모서리를 다듬고,

5 건고추와 꽈리고추는 꼭지를 제거해 2등분하고, 표고버섯은 밑동을 떼고 4등분하고,

6 설탕에 재운 갈비를 물에 씻어 냄비에 넣고, 갈비가 잠길 정도의 물(2L)를 붓고, 센 불에서 10분간 끓이면서 떠오르는 거품과 불순물은 걷어내고,

7 대파, 마늘, 양파를 넣어 50분간 더 끓이고,

8 고기는 건지고, 체에 거른 육수(5컵)는 양념장과 섞고,

갈비찜 졸이기

9 냄비에 삶은 갈비를 넣고 양념장의 1/2 분량을 부어 센 불로 15분 졸이고,

10 국물이 자작해지면 무, 당근, 표고버섯, 건고추를 넣고 남은 양념장을 부어 15분간 졸이고,

11 윤기가 나면 꽈리고추를 넣어 30초간 조리고, 접시에 담고 기호에 따라 달걀지단과 은행을 고명으로 올려 마무리.

고명은
172페이지 참고

식욕을 돋워주는 샐러드
불고기냉채

1 잎채소는 한입 크기로 뜯어 찬물에 담갔다 물기를 빼고, 양파는 채 썰고,

2 고기와 채소에 소스를 넣고 버무려 마무리.

4인분

필수 재료 _ 먹고 남은 불고기(150g)
선택 재료 _ 비타민, 당귀, 치커리, 상추 등 잎채소(4줌=약 200g), 양파(1/2개)
소스 _ 레몬(1/2개), 설탕(1), 식초(1), 간장(1), 후춧가루(약간), 씨겨자(0.3), 올리브유(3)

부드럽게 술술 넘어가는
불고기덮밥

1 양송이버섯은 모양을 살려 저며 썰고, 양파와 당근은 채 썰고,

2 달군 팬에 식용유를 두르고 채소를 넣어 볶고, 불고기도 넣어 뒤섞어 마무리.

4인분

필수 재료 _ 먹고 남은 불고기(600g), 양송이버섯(6개), 양파(1개), 당근(6cm), 식용유(적당량), 밥(2공기), 달걀(4개)

입맛 돋우는

불고기비빔국수

① 콩나물은 다듬고, 깻잎, 상추, 치커리, 배는 채 썰고,

② 비빔국수 양념장을 만들고, 신김치는 신김치 양념에 버무리고,

Tip
콩나물은 삶을 때 소금을 넣으면 질겨지므로 물만 넣고 삶는다.

③ 콩나물은 끓는 물에 5분간 삶아 찬물에 헹궈 콩나물 양념에 버무리고,

Tip
차가운 국수로 먹을 때는 총 3분 30초~4분 정도 삶으면 적당하며, 잔치국수처럼 뜨거운 국수로 먹을 때는 총 3분 정도만 삶는 것이 적당하다.

④ 끓는 물에 소면을 넣고 끓으면 물(1/2컵)을 부어 끓이는 것을 3회 반복하고,

⑤ 소면을 참기름에 먼저 버무린 뒤 양념장을 넣어 버무리고 채소를 올려 마무리.

4인분

필수 재료 _ 콩나물(3줌=150g), 깻잎(10장), 상추(3장), 치커리(8줄기), 배(1/3개=100g), 신김치(1/4포기), 소면(4줌), 먹고 남은 불고기(200g), 얼음물(적당량)
신김치 양념 _ 참기름(1)+설탕(2)+깨소금(1)
콩나물 양념 _ 소금(0.5)+다진 마늘(0.5)+참기름(1)+깨소금(0.5)
비빔국수 양념장 _ 고추장(3)+고운 고춧가루(1)+간장(1)+설탕(1)+꿀(1)+다진 마늘(1)+깨소금(1)+사이다(2)
양념 _ 소금(1), 참기름(2)

냉장고 속 자투리 채소 활용

불고기채소비빔밥

4인분

필수 재료 _ 먹고 남은 불고기(400g), 상추(8장), 깻잎(6장), 양파(1개), 당근(6cm), 무순(적당량), 따뜻한 밥(4공기)

선택 재료 _ 달걀(4개)

양념장 _ 설탕(0.5)+참기름(0.5)+식초(1)+사이다(1)+고추장(2)+통깨(약간)

① 불고기만 건져 차갑게 식혀 놓고,

② 상추와 깻잎은 6cm 너비로 채 썰고,

③ 양파는 곱게 채 썰어 찬물에 담그고,

④ 당근은 양파와 비슷한 크기로 곱게 채 썰고,

Tip
키친타월이나 면포에 채소를 올려 물기를 깨끗이 제거해야 양념을 넣고 비볐을 때 물기가 생기지 않아 고슬고슬한 비빔밥을 즐길 수 있고, 간도 딱 맞다.

⑤ 무순은 깨끗이 씻어 양파와 함께 찬물에 담갔다가 체에 밭쳐 물기를 말끔히 제거하고,

⑥ 볼에 양념장 재료를 모두 넣어 고루 섞고,

⑦ 달걀을 반숙으로 프라이하고,

⑧ 그릇에 밥, 채소, 고기를 담고 달걀 프라이를 올리고 양념장을 곁들여 마무리.

달콤하고 아삭한 배를 듬뿍!

불고기배잡채

4인분

필수 재료 _ 먹고 남은 불고기(200g), 당면(1.5줌=150g), 배(1/2개), 청·홍피망(1개씩), 양파(1/2개), 팽이버섯(또는 표고버섯, 목이버섯 1줌)

양념장 _ 간장(2)+설탕(1)+참기름(2)+다진 마늘(1.5)+후춧가루(0.3)

양념 _ 식용유(4), 소금(약간), 깨소금(2)

① 당면은 찬물에 담가 1시간 이상 불리고,

② 배, 피망, 양파는 3mm 두께로 채 썰고, 버섯은 밑동을 제거하고,

③ 불린 당면은 끓는 물에 식용유(2)를 넣고 3분간 삶아 건지고,

④ 양념장과 버무리고,

⑤ 팬에 식용유(1)를 두른 뒤 양파를 넣고 소금으로 간해 반쯤 투명해질 때까지 볶아 식히고,

⑥ 팬에 식용유(1)를 두른 뒤 피망을 넣고 소금으로 간해 반쯤 투명해질 때까지 볶아 식히고,

⑦ 볼에 불고기와 당면, 채소, 팽이버섯, 깨소금을 넣어 버무리고,

⑧ 그릇에 담고 채 썬 배를 고명으로 올려 마무리.

든든한 브런치 메뉴

불고기샌드위치

4인분

필수 재료 _ 먹다 남은 불고기(400g), 양파(1개), 양송이버섯(4개), 식빵(8장)
땅콩버터(4),
양념 _ 버터(1조각=100g), 식용유(적당량)

① 양파를 3mm 두께로 채 썰고,

② 양송이버섯은 모양을 살려 저며 썰고,

③ 중간 불로 달군 팬에 버터를 녹여 식빵을 양면으로 노릇하게 구워내고,

④ 식용유를 둘러 양파와 양송이버섯을 넣어 볶고,

⑤ 불고기를 넣어 뒤섞고,

⑥ 식빵 한 면에 땅콩버터를 바르고,

⑦ 버섯불고기를 올리고 땅콩버터 바른 식빵을 얹어 마무리.

버섯전골을 더 맛있게 해주는
곁들이 소스

참깨소스

고소한 맛의 참깨소스는 쇠고기전골에서 빠질 수 없는 대표 소스다.

필수 재료
참깨(3), 멸치다시마 육수(5), 땅콩버터(1), 핫소스(0.3), 간장(0.5), 설탕(0.5)

조리
재료를 모두 믹서에 넣어 곱게 갈아 마무리.

청양고추소스

매콤한 맛을 좋아하는 이들에게 안성맞춤이다.

필수 재료
다진 청양고추(3개분), 간장(2), 식초(2), 멸치다시마 육수(2), 설탕(1.5), 들기름(1)

조리
볼에 재료를 모두 넣어 골고루 섞어 마무리.

고추냉이소스

짭조름한 간장에 매콤한 고추냉이를 더한 소스다.

필수 재료
고추냉이가루(1), 따뜻한 물(1), 간장(3), 설탕(1), 식초(2), 멸치다시마 육수(2), 맛술(1)

조리
1 고추냉이가루와 따뜻한 물을 섞어 2분간 저은 뒤,
2 간장, 설탕, 식초, 멸치다시마 육수, 맛술을 넣고 섞어 마무리.

레몬간장소스

레몬의 상큼함과 깊은 맛의 간장이 잘 어우러지는 소스다. 간 무나 겨자, 땅콩버터 등을 더해도 좋다.

필수 재료
간장(3), 식초(2.5), 고운 소금(0.3), 설탕(0.3), 맛술(3), 매실액(3), 다진 마늘(0.3), 레몬(1/2개)

조리
1 간장, 식초, 소금, 설탕, 맛술, 매실액, 다진 마늘을 모두 섞어 병에 담고,
2 레몬을 담가 1시간 정도 실온에 두어 마무리.

CHAPTER 5

수육

고기는 구워야, 뜯어야 제맛이라고는 하나, 건강을 생각하면 수육만큼 좋은 조리법이 없다. 또 야들야들 부드럽게 쪄낸 수육은 어른 아이 할 것 없이 온 가족이 함께 먹기에도 좋다. 보통 김장하는 날 수육이 빠질 수 없는 메뉴인데, 수육과 곁들이로 먹는 김치나 쌈, 소스 등을 골라 먹는 재미도 쏠쏠하다.

그냥 물에 담가 푹 삶으면 되는 게 아닐까 싶지만 통고기를 삶을 때는 누린내를 없애는 게 중요하다. 된장, 사과, 커피가루, 생강, 통후추, 건고추, 감초 등이 냄새를 제거해주고 풍미 또한 좋게 한다. 또한 부위별로 삶는 시간, 물의 분량도 달리해야 하며, 불조절, 썰기까지 꼼꼼히 짚어가며 조리해야 완벽해진다. 여기에 다양한 곁들이 메뉴까지 더하면 금상첨화다. 세상에서 가장 촉촉하고 부드러운 수육을 만들어보자.

임섬근이 추천하는 최고의 수육 부위는!

수육은 대중적으로 돼지고기를 사용하며, 그중에서도 삼겹살은 수육하기에 가장 맛있는 부위로 꼽힌다. 고기와 지방이 층층이 섞여 있어 입안에서 부드러운 식감을 느낄 수 있으며, 식은 후에도 다른 부위에 비해 촉촉함과 부드러움이 월등하기 때문이다. 목살 역시 수육 부위로 많이 쓰이는데, 여러 개의 근육으로 구성되어 있고 지방의 함량이 많으며 고기의 결이 거칠어 쫄깃한 식감을 즐길 수 있다.

쇠고기 수육은 우삼겹이라고도 불리는 업진살과 우설(소혀) 부위로 만들면 가장 육즙이 뛰어나고 좋지만 가격이 만만치 않다. 그래서 가장 대중적으로 사용하는 부위 중 하나가 사태다. 사태는 앞다리(앞사태)와 뒷다리(뒷사태)의 특징이 약간 다르다. 앞다리보다는 뒷다리가 더 운동량이 많기 때문에 앞사태가 뒷사태에 비해 질긴 식감이 좀 덜한 편이다. 그 외 즐겨 사용하는 부위로 양지머리와 차돌박이가 있다. 양지머리는 운동량이 많은 부위라 질긴 것이 특징으로, 오랜 시간 끓여 요리해야 부드럽게 즐길 수 있다. 오래 끓이면 고소한 맛 성분이 한없이 우러나기 때문에 전골, 탕, 수육 등으로 좋다. 차돌박이는 보통 구워서 많이 먹지만 수육으로 삶아 먹으면 쫀득하면서도 씹히는 맛이 무르지 않아 탁월한 식감을 자랑한다.

돼지고기 수육

돼지고기 수육은 보약 부럽지 않은 양질의 단백질을 보충해준다. 특히 어르신이나 아이들이 돼지고기를 먹을 때
수육으로 즐길 것을 추천한다. 당귀를 넣으면 잡내를 제거할 뿐 아니라 은은한 한약 향이 힐링을 선사한다.

plus info.

누린내 없이
맛있게 삶도록 돕는 재료

향채소인 마늘, 생강, 대파, 양파는 식물성 유황성분이 들어 있어 어떤
고기를 삶든 반드시 들어가는 필수 재료이다. 통후추, 건고추, 감초 등
도 더하면 냄새도 제거되고 풍미 또한 좋아진다. 그밖에 돼지고기 냄새
를 잡는 데 추가하면 좋은 재료로 된장과 사과, 커피가루가 있다.

된장 돼지고기를 부드럽게 해주며, 발효 식품으로 특유의 누린내 및
잡냄새를 잡아준다.

사과 산 성분이 고기를 부드럽게 해주며, 사과의 향이 특유의 누린내
및 잡냄새를 잡아준다.

커피 냉장고에 오래 보관했거나 특히 잡냄새가 많이 나는 고기를 삶
을 때 사용하면 특효다.

돼지고기 수육

필수 재료 _ 통삼겹살(600g), 소주(5)

핏물 제거용 재료 _ 물(1L), 설탕(2)

고기 삶는 재료 _ 건고추(3개), 마늘(10쪽), 당귀(4~5조각), 대파(30cm×2대), 생강(1쪽), 사과(1개), 물(2L), 간장(1.5컵), 물엿(0.5컵), 맛술(4), 소주(0.5컵), 통후추(10알), 커피(1), 된장(2) **tip** 당귀는 생략 가능하다.

1 통삼겹살은 세로 5cm, 가로 8cm로 썰고,

2 핏물 제거용 재료에 2시간 이상 담가 놓고,

3 건고추와 마늘은 꼭지만 제거하고, 당귀는 물에 씻어 건져두고,

4 대파는 흰부분을 칼등으로 눌러 부드럽게 하고, 길게 반 갈라 6cm 길이로 썰고,

5 생강은 껍질을 벗겨 얇게 썰고,

6 사과는 껍질째 4~5등분하고,

7 냄비에 통삼겹살과 고기 삶는 재료를 넣어 센 불로 20분, 중간 불로 15분, 약한 불로 10분 끓인 뒤 불을 끄고 15분 정도 뜸을 들이고,

8 고기를 건져 찬물에 씻고,

9 열이 오른 찜기에 고기를 넣고 소주(5)를 끼얹어 뚜껑을 덮고 10분간 찌고,

10 도마에 올려 결 반대로 4mm 두께로 썰어 마무리.

plus info.

돼지고기 수육, 더 고소하게 조리하는 법

궁중요리의 연저육과 같은 방법으로, 전문점에서나 볼 수 있는 것처럼 갈색으로 윤기가 나고 은은한 한방의 향을 즐기고 싶다면 기본 수육 삶기에 다음의 방법을 더하면 된다. 단, 껍데기가 붙은 수육 부위는 튀기면 니무 기름이 튀므로 살코기만 있는 수육일 경우에 활용한다.

위의 레시피 9번까지 조리한 다음, 삶아 건진 고기에 감자 전분을 얇게 골고루 묻히고,

식용유를 넉넉하게 둘러 약한 불에서 은근히 달군 프라이팬에 올려 사면을 돌려가며 노릇노릇하게 튀기듯 구운 뒤 기름을 따라 버리고,

육장(1/2컵)을 붓고 당귀(2조각)와 감초(2조각)를 더해 고기에 골고루 윤기가 돌 때까지 조려 마무리.

쇠고기 수육 +

쇠고기 수육은 지방이 적어 담백한 맛이 주를 이룬다. 부추나 잎채소, 양념장을 곁들여 일품 요리로
내놓아도 손색없고, 밥반찬으로 먹기에도 좋다. 수육을 삶아낸 육수는 불순물을 걸러 보관해두었다가
된장찌개나 무국, 육개장 등 국물 요리를 만들 때 활용하면 편리하다.

부위별 수육 삶는 시간

우설 센 불로 1시간 30분, 중간 불로 30분, 약한 불로 15분을 끓인 뒤 불을 끄고 15
분 정도 뜸을 들인다. 고기 삶는 시간이 총 2시간 30분 정도가 적당하다.

통차돌박이 센 불로 1시간, 중간 불로 30분, 약한 불로 15분을 끓인 뒤 불을 끄고
15분 정도 뜸을 들인다. 고기 삶는 시간은 총 2시간 정도가 적당하다.

업진살 센 불로 1시간, 중간 불로 20분, 약한 불로 10분을 끓인 뒤 불을 끄고 10분
정도 뜸을 들인다. 고기 삶는 시간은 총 1시간 40분 정도가 적당하다.

수육, 부드럽게 먹기 위한 썰기 비법

고기를 결대로 썰면 육질이 질기다. 따라서
고기는 결 반대인 직각 방향으로 썰어야 식감
이 좋은데, 이유는 근육과 심줄 등을 끊어줌
으로써 부드럽게 즐길 수 있기 때문이다. 또
수육은 너무 두꺼우면 퍽퍽하므로 3~4mm
두께로 써는 것이 가장 맛있다.

쇠고기 수육

필수 재료 _ 통양지살(또는 우설, 통차돌박이, 업진살 600g), 부추(2줌=100g), 팽이버섯(1줌)

핏물 제거용 재료 _ 물(1L), 설탕(2)

고기 삶기용 재료 _ 대파(30cm×2대), 양파(1/2개), 마늘(10쪽), 생강(4쪽), 통후추(10개), 소주(1/2컵), 물(3L)

tip 좀 더 야들야들하고 부드럽게 삶고 싶다면, 물 3L당 설탕 1/2컵을 추가한다.

손질

1 통양지살은 15×15cm 크기로 썰고, 핏물 제거용 재료에 2시간 이상 담가두고,

2 부추는 6cm 길이로 썰고, 팽이버섯은 밑동을 제거해 가닥가닥 떼고,

3 대파와 양파는 2등분하고, 마늘은 칼 옆면으로 눌러 으깨고, 생강은 저며 썰고,

조리

4 냄비에 고기 삶기용 재료와 고기를 넣어 뚜껑을 열고 센 불로 1시간 끓이고,

5 중간 불로 30분, 약한 불로 10분을 끓인 뒤 불을 끄고 15분 정도 뜸을 들이고,

6 부추는 끓는 물에 10초만 데쳐 건지고,

7 버섯도 끓는 물에 10초만 데쳐 건지고,

8 뜸이 든 고기를 건져내서 한 김 식히고,

9 결 반대로 4mm 두께로 어슷하게 썰고,

10 달군 돌판이나 팬에 데친 부추와 버섯을 깔고, 썬 고기를 올리고,

11 고기 삶은 육수를 자작하게 끼얹어 따뜻하게 끓이면서 먹는다.

수육 맛을 업그레이드 시켜주는

절인배추쌈

1 배추는 밑동을 칼로 돌려 파내고,

2 한 잎씩 떼어내고,

3 볼에 절임물 재료를 넣어 섞고,

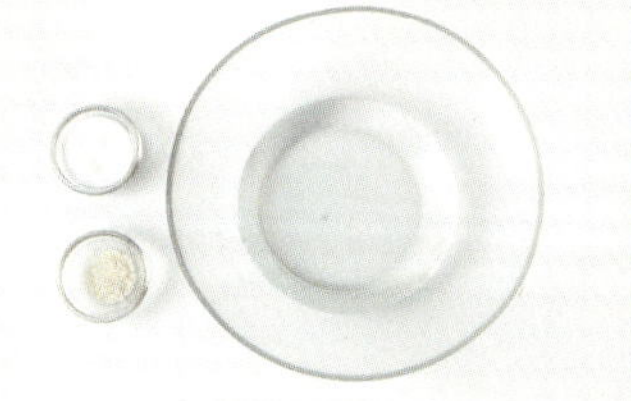

4 배추를 넣어 10시간 정도 절이고,

5 다 절인 배추는 찬물에 씻고 채반에 건져 물기를 빼 마무리.

4인분

필수 재료 _ 배추(1/2포기)
절임물 _ 물(5컵)+천일염(5)+설탕(0.7컵)

칼칼한 맛이 일품
무생채

4인분

필수 재료 _ 무(7cm), 대파(7cm)
양념장 _ 배(1/4개)+고춧가루(2)+다진 마늘(0.5)+설탕(1.5)+꽃소금(1)+새우젓(0.5)+매실액(1)+통깨(1)

1 무는 5~7mm 두께로 채 썰고, 찬물에 10분 정도 담가 놓고,

2 대파는 곱게 채 썰고,

3 배는 곱게 다지고,

4 찬물에 담가둔 무를 건져 물기를 빼고,

5 볼에 무와 양념장을 넣어 버무리고, 대파도 넣어 살살 버무려 마무리.

샐러드 못지않은

겉절이김치

4인분

필수 재료 _ 배추(2통), 부추(1/2줌)
찹쌀물 _ 찹쌀가루(0.7컵)+물(2.5컵)
양념장 _ 배(1/4개), 사과(1개), 양파(1개), 무(5cm=500g), 건고추(30개), 새우젓(0.8컵),
멸치액젓(1컵)+굵은 고춧가루(3.5컵)+고운 고춧가루(1.5컵)+설탕(1.3컵)+다진 마늘(1컵)+
다진 생강(0.5컵)+간장(1컵)

1 배추는 7~8cm 너비로 썰고, 찬물
에 담갔다가 물기를 빼고,

2 부추는 깨끗이 손질해 5~6cm 길이
로 썰고,

3 찹쌀물 재료를 섞어 달군 팬에 넣고
되직하게 풀을 쑤고,

Tip
냉동실에서 3개월 동안
보관이 가능하다. 적당량씩
소분해 냉동하면 필요할
때마다 실온 해동해서
사용하기 편하다.

4 양념장 재료와 찹쌀풀을 넣어 한 번
뒤섞듯이 갈고,

5 큰 볼에 배추와 부추, 양념장(2.5
컵)을 넣어 버무려 마무리.

냉면 부럽지 않은

수육소면무침

1 부추는 6cm 길이로 썰고, 팽이버섯은 밑동을 제거하고,

2 부추는 끓는 물에 담가 10초만 데쳐 건져내고,

3 버섯도 끓는 물에 담가 10초만 데쳐 건져내고,

4 끓는 물에 소면을 넣어 삶아 건지고, 찬물에 헹군 뒤 물기를 제거하고,

5 볼에 소면, 수육, 채소, 초간장과 고춧가루를 넣어 골고루 버무리고, 참기름과 통깨를 넣어 살짝 뒤섞어 마무리.

4인분

필수 재료 _ 먹고 남은 수육(100g), 소면(2줌)
선택 재료 _ 부추(1줌=60g), 팽이버섯(1봉)
양념 _ 초간장(4), 고춧가루(2), 참기름(1), 통깨(0.5)

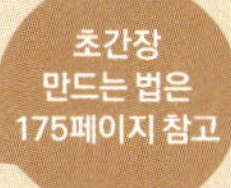

초간장
만드는 법은
175페이지 참고

수육과 단짝 메뉴

보쌈김치

4인분

필수 재료 _ 배추(1통)

절임물 _ 물(1kg), 천일염(1컵), 설탕(0.7컵)

찹쌀물 _ 찹쌀가루(0.7컵), 물(2.5컵)

양념장 _ 생강(4쪽), 마늘(10쪽), 배(1개), 사과(1개), 새우젓(1컵), 황설탕(1.5컵), 꽃소금(3), 고운 고춧가루(1컵), 굵은 고춧가루(1컵)

보쌈 소 _ 무(15cm), 고구마(1개), 밤(3알), 설탕(1), 참기름(1), 홍갓(2줌), 미나리(1줌), 쪽파(1줌)

Tip
양념장은 많이 만들어서 적당량씩 소분해 냉동 보관해 필요할 때마다 실온 해동해서 사용해도 된다.

1. 배추는 밑동을 파내, 절임물에 담가 10시간 절인 뒤 찬물에 씻어 물기를 빼고,

2. 찹쌀물 재료를 섞어 달군 팬에 넣어 되직하게 풀을 쑤고,

3. 양념장과 찹쌀풀을 믹서에 넣어 뒤섞듯이 갈고

4. 홍갓과 미나리, 쪽파는 5~6cm 길이로 썰고,

5. 무는 약 7cm 길이로 채 썰고,

6. 밤은 저며 썰고, 고구마는 무와 같은 크기로 썰고, 모두 양념장과 골고루 버무려 소를 만들고,

7. 밥그릇에 배춧잎을 열십자로 깔고, 소(1/2줌)를 올리고,

8. 밥그릇 바깥쪽으로 나온 잎을 포개 소를 감싸 마무리.

개운한 끝맛

해파리냉채

4인분

필수 재료 _ 해파리(5줌=1kg), 오이(1개), 배(1개)
tip 해파리는 손질 후 데치면 양이 400g 정도로 줄어든다.
해파리 양념 _ 설탕(1컵), 식초(1/2컵)
소스 _ 물(1컵), 식초(5), 설탕(3), 소금(1), 다진 마늘(5)

> **Tip**
> 해파리는 물에 오래 담가둬야 특유의 냄새를 제거할 수 있으며 아래의 조리 과정을 거쳐야 쫄깃하고 냄새가 없는 해파리를 먹을 수 있다. 가격면에선 비싸지만 무염 해파리를 구매하는 것을 추천한다.

① 해파리는 5번 정도 비벼가며 빨고, 찬물에 폭 담가 하루 정도 실온에 두었다가 건지고,

② 냄비에 물(2L)을 붓고 끓어오르면 찬물을 1컵 부어 살짝 온도를 낮춘 뒤 해파리를 넣고,

③ 살짝 오그라들면 재빨리 겨져내 찬물에 담가 5시간 동안 불려 물기를 제거하고,

④ 해파리 양념에 재워 밀폐해 2시간 냉장실에 두고,

⑤ 오이는 돌려 깍아 3mm 두께로 채 썰고,

⑥ 배도 같은 크기로 채 썰고,

> **Tip**
> 기호에 따라 겨자(1)를 섞어도 좋다.

⑦ 소스는 섞어두고,

⑧ 해파리와 소스를 넣어 고루 버무려 그릇에 담고 오이, 배를 올려 마무리.

술안주로도 제격

수육냉채

4인분

필수 재료 _ 먹고 남은 수육(200g)
선택 재료 _ 상추(1줌), 쑥갓(1/2줌), 깻잎(4장), 오이(5cm),
배(1/4개), 사과(1/4개)
소스 _ 식초(3)+소금(0.3)+설탕(2)+다진 마늘(3)+간장(1)

① 상추, 쑥갓, 깻잎은 모두 1.5cm 길이로 썰고,

② 찬물에 담갔다 건져 물기를 제거하고,

③ 오이는 돌려 깎아 3mm 두께로 채 썰고,

④ 배와 사과는 오이와 비슷한 크기로 채 썰고,

⑤ 소스 재료를 볼에 담아 섞어 두고,

⑥ 접시의 가운데 채소를 켜켜이 쌓아 올리고,

⑦ 가장자리에 수육을 돌려 담고,

⑧ 소스를 곁들여 마무리.

수육 맛 살리는

소스 & 쌈장

새우젓소스

필수 재료

청양고추(2개), 새우젓(3), 물(6), 통깨(1),
고춧가루(1), 참기름(1), 다진 파(1), 다진 마늘(1)

tip 기호에 따라 연겨자(1)를 더해도 맛있다.

조리

1 청양고추와 새우젓은 곱게 다지고,
2 볼에 나머지 재료와 함께 넣어 골고루 섞어
마무리.

초간장

필수 재료

양파(1/2개), 청양고추(2개), 간장(2), 물(2),
설탕(0.5), 식초(1),

tip 기호에 따라 연겨자(1)를 더해도 맛있다.

조리

1 양파와 청양고추는 잘게 다지고,
2 볼에 모든 재료를 넣어 골고루 섞어 마무리.

마늘소스

필수 재료

다진 마늘(2.5), 참기름(1), 다진 양파(2.5), 물엿(1),
꽃소금(0.5), 꿀(1)

조리

1 센 불로 달군 팬에 마늘, 참기름을 넣어 볶아내고,
2 볼에 나머지 재료와 함께 넣어 골고루 섞어
마무리.

tip 마늘을 참기름에 볶으면 매운맛이 없어지고 고소해진다.

된장쌈장

필수 재료

시판용 쌈장(0.6컵), 식용유(4), 참기름(4), 다진
마늘(5), 사이다(0.5컵), 통깨(2), 설탕(2), 굵은
고춧가루(3)

tip 시판용 간마늘은 쓴맛이 있으므로, 양념장을 만들 때는
마늘을 바로 다져서 넣는 것이 좋다.

tip 사이다는 쌈장의 농도를 맞추고, 식용유는 부드러운
맛을 더해준다.

tip 고춧가루는 기호에 따라 청양고춧가루 혹은 고추장으로
대체해도 좋다.

조리

볼에 모든 재료를 넣어 골고루 섞어 마무리.

CHAPTER 6

고기 국물 요리

국물 요리는 국, 탕, 찌개, 전골 등으로 나눌 수 있다.

국과 탕은 제철 식재료를 이용해서 간을 약하게 해 끓이는 것이며, 국물의 양이 많고
건더기가 적은 편이다. 특히 찬바람이 쌀쌀하게 부는 추운 날 뚝배기에 밥과 함께 말아
뜨끈한 국밥으로 즐기면 든든한 한 끼가 된다.

찌개는 한두 가지 주재료를 넣고 간을 좀 강하게 끓여낸 음식이다. 뚝배기나 냄비 등을
사용하여 뜨겁게 온도를 조절해 가면서 먹어야 제맛을 느낄 수 있다.

전골은 주재료와 채소의 비율이 1:1 정도이며, 건더기를 즐기는 음식이다.
은은한 불에 계속 끓이면서 먹기 때문에 마무리쯤엔 짜질 수 있어 국물의 간을 약하게
하는 편이다. 전골은 입구가 넓고 깊이가 얕은 전골냄비를 사용하며, 채소를 돌려
담고 주재료를 가운데 올린 후 칼국수, 우동, 소면 등 다양한 사리를 곁들일 수 있어
매력적이다.

임성근이 추천하는 국거리용 부위는!

갈비나 꽃등심은 국거리용으로도 가장 맛있지만 만만한 가격대는 아니라 품위를 갖춘 국물 요리를 할 때는
갈비를 사용하고, 보통은 양지머리나 사태, 앞다릿살, 뒷다릿살, 목살 등을 즐겨 활용한다. 오래 뭉근히
끓여 육수를 내야 하는 국물 요리용으로는 사태 등이 좋고, 핏물 제거할 필요 없이 간단하게 끓여 먹는
국물 요리용으로는 앞다릿살, 뒷다릿살, 목살 등을 고르면 된다.

쇠고기뭇국

시원한 무와 감칠맛 나는 쇠고기가 만나 든든한 쇠고기뭇국. 국을 끓여 뚝배기에 덜고 불린 당면도
넣어 바글바글 한 번 더 끓여 먹으면 밑반찬이 따로 필요 없다.

4인분

필수 재료 _ 쇠고기(양지머리 200g), 무(10cm), 대파(30cm), 물(6컵)

고기 밑간 _ 대파 흰부분(10cm), 간장(1), 다진 마늘(0.5), 참기름(0.3), 후춧가루(약간)

양념 _ 다진 마늘(0.5), 청주(1), 국간장(0.5), 참기름(1), 소금(1.5), 후춧가루(약간)

손질

1 양지머리는 한입 크기로 납작하게 썰고, 고기 밑간 재료 중 대파는 곱게 다져 밑간 재료와 섞고, 고기를 넣어 버무리고,

2 무는 깨끗이 씻어 껍질째 사방 5cm 크기, 7mm 두께로 썰고,

3 대파는 송송 썰고,

조리

Tip
쇠고기는 밑간을 한 다음 냄비에 볶다 물을 붓고 끓여야 쇠고기 특유의 누린내가 나지 않고 육즙을 순간적으로 가두어 두어 국물이 맑고 깨끗한 맛이 난다.

4 센 불로 달군 냄비에 양념한 고기를 넣어 볶고,

Tip
무를 먼저 볶지 않고 끓이면 쓴맛이 나므로 볶아서 사용한다.

5 고기에 회색빛이 나면 무를 넣어 투명해질 때까지 볶고,

6 물(6컵)을 부어 국물이 끓어오르면 중간 불로 줄여 다진 마늘, 청주, 국간장, 참기름, 소금을 넣어 끓이고,

7 거품을 중간 중간에 걷어내고, 그릇에 담아 송송 썬 대파와 후춧가루를 곁들여 마무리.

쇠고기북엇국

보통 북엇국은 멸치 육수를 더해 끓이지만 고기를 넣어
끓이면 더 깊고 풍부한 향과 맛을 느낄 수 있다. 그리고 북어와
들기름은 영양은 물론 맛 궁합이 참 잘 맞는다.

필수 재료 _ 손질한 북어포(2줌=100g), 쇠고기(양지머리 100g), 대파(30cm), 참기름(1)
고기 밑간 _ 국간장(1), 설탕(0.5), 참기름(0.5)
국물 양념 _ 들기름(2), 소금(1.5), 후춧가루(약간), 다진 마늘(1), 국간장(1)

손질

1 북어포는 찬물에 넣고 조물조물 씻어 부드러워지면 물기를 꼭 짜두고,

2 양지머리는 한입 크기로 납작하게 썰고, 고기 밑간에 재워두고,

3 대파는 송송 썰고,

조리

4 달군 냄비에 참기름(1)을 둘러 고기를 넣고 핏기가 안 보이도록 볶고,

5 북어포를 넣고 물(5컵)을 부어 15분 정도 푹 끓이고,

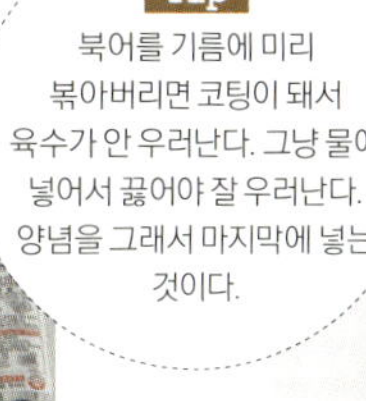

6 물이 3컵 정도 분량이 되고 뽀얗게 우러날 때까지 끓이고,

7 물(2컵)을 더 부어 10분 정도 끓이고,

8 국물 양념 재료를 넣어서 5분 더 끓인 뒤 그릇에 담고 대파를 올려 마무리.

쇠고기미역국 

미역은 칼로리가 낮고 비타민과 무기질이 풍부한 알칼리성 식품으로 체내 노폐물을 배출하고 부기를 내리는 효과도 있다. 보통 쇠고기와 미역으로 끓이지만 기호에 따라 감자 1개를 썰어 넣어도 부드럽게 즐길 수 있다.

4인분

필수 재료 _ 쇠고기(양지머리 150g), 건미역(2줌=15g) **tip** 미역은 불리면 10배가 된다.

양념 _ 참기름(2), 물(1L), 다진 마늘(1), 국간장(2), 소금(2)

손질

1 양지머리는 흐르는 찬물에 씻어 한입 크기로 납작하게 썰고,

2 미역은 물에 담가 10분 정도 불리고,

3 미역을 건져 손으로 물기를 짜고, 가위로 먹기 좋은 크기로 자르고,

조리

4 냄비에 참기름을 두르고 고기를 넣어 센 불로 먼저 볶고,

5 핏기가 없어지면 미역을 넣어 2분 정도 볶고,

6 물을 붓고 센 불로 10분 정도 끓이고, 다진 마늘, 국간장, 소금으로 간하고 약한 불로 줄여 15분간 끓여 마무리.

매운쇠고기우거지국 +

보통 시래기는 말린 무청을 말하고, 우거지는 배추 겉대를 말린 것을 말한다. 배춧잎이든 무청이든
말려 보관하려면 반드시 그늘에서 말려야 한다. 무청은 그냥 말리기도 하고, 끓는 물에 한 번 데쳤다가
말리기도 한다. 섬유질이 풍부한 우거지와 쇠고기로 국을 끓이면 맛도 좋을 뿐 아니라 영양도 우수하다.

plus info.

국물 맛 업그레이드 해주는 재료

파 대표적인 향신 채소로, 익히면 단맛이 우러나며 향긋
해서 한식과 고기 요리에 빠지지 않는 재료이다. 보
관 시에는 씻은 후 물기를 말끔히 닦아낸 다음 밀
폐용기에 담아 냉장 보관하는 것이 좋다.

마늘 알싸한 향 성분인 황아아릴을 함유하고 있어 당질의 에너지 변
환을 촉진하고 비만 방지에도 효과적이다. 특히 마늘의 알리신은 고기
의 소화 흡수를 도와준다. 또한 고기의 잡냄새를 없애는 데 효과적이다.

양파 비타민과 함께 칼슘, 인산 등 무기질이 풍부하게 들어 있어 샐러
드나 고기 요리에 향신 채소로 많이 사용한다. 육수에 사용할 때 껍질째
깨끗이 씻어 넣으면 영양적으로도 좋고, 육수 맛도 더 개운해진다.

통후추 향신료로 고기 요리에 주로 쓰이며, 매운맛이 특징. 특히 육수
를 낼 때는 통후추를 사용해야 한다. 후춧가루는 육수의 색을 지저분하
게 하기 때문. 흰색과 검은색이 있는데, 고기에는 검은 후추, 소스류에
는 흰 후추를 사용한다.

고기 국물 요리

매운쇠고기우거지국

필수 재료 _ 홍두깨살(또는 사태 600g), 말린 우거지(1줌=300g)

tip 삶은 우거지를 구입할 경우 2줌(=500g)이면 된다. 직접 배추를 말릴 경우 배추를 구입할 때 겉잎이 넓고 얇으며 두껍지 않은 것이 좋다.

선택 재료 _ 느타리버섯(1줌=50g), 깻잎(10장), 부추(1/2줌=30g), 대파(20cm)

육수 재료 _ 무(6cm), 양파(1/2개), 마늘(7쪽), 물(4L)

양념장 _ 후춧가루(약간), 국간장(1), 꽃소금(0.5), 중간 고추가루(4), 청양 고추가루(3), 다진 마늘(2), 시판용 된장(0.5컵), 생수(0.5컵)

손질

1 홍두깨는 설탕(2) 섞은 물에 담가 3시간 정도 중간중간 물을 갈아가며 핏물을 빼고,

2 우거지는 끓는 물에 부드럽게 삶고 찬 물에 10분 정도 담가 군내를 없앤 뒤 물기를 꼭 짜고 6cm 길이로 썰고,

3 무는 1cm 두께로 나박 썰고, 양파는 4등분하고,

4 느타리버섯은 밑동을 제거해 가닥가닥 떼고, 깻잎은 4등분, 부추는 5cm 길이로 썰고,

5 마늘은 꼭지를 제거하고 칼 옆면으로 눌러 으깨고,

6 대파는 칼등으로 눌러 부드럽게 하고, 길게 반 갈라 5cm 길이로 썰고,

7 냄비에 고기와 나박 썬 무, 양파, 마늘을 넣고 물(2L)을 부어 센 불로 50분 끓이고,

8 물(2L)을 추가로 붓고 중간 불로 30분 더 끓이면서 뜨는 기름과 거품은 걷어 내고,

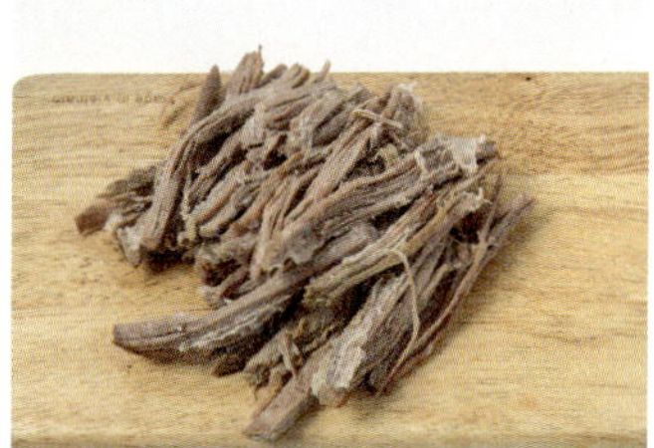

9 고기는 건져서 결대로 먹기 좋게 찢고, 육수는 식혀 거르고,

국 끓이기

10 볼에 양념장 재료를 모두 넣어 골고루 섞고, 약간 덜어 우거지에 넣고 조물 조물 버무리고,

11 1인 기준 육수 2.5컵(500ml)을 뚝배기에 붓고 양념장(3)을 각각 넣고, 삶은 고기 100g, 양념한 우거지, 느타리버섯, 대파를 올려 한소끔 끓이고,

12 부추와 깻잎을 올리고 기호에 따라 들깻가루(1)를 곁들여 마무리.

얼큰돼지콩나물국 

원래는 돼지뼈를 진하게 우려내어 수육을 넣고 국밥 형태로 먹던 것. 간단하게 끓이기 위해 콩나물국에
돼지고기를 넣어 끓였는데, 담백함과 얼큰함, 시원함이 어우러져 해장음식으로도 좋다.

4인분

필수 재료 _ 두께 5mm 돼지고기(목살 200g), 무(4cm), 대파(30cm), 청양고추(2개), 콩나물(6줌=300g), 식용유(2), 멸치다시마 육수(8컵)

양념 _ 고춧가루(1), 고추장(2) 멸치액젓(1), 후춧가루(약간), 다진 마늘(1), 국간장(2)

멸치다시마 육수
만드는 법은
39페이지 참고

1 목살은 5cm 길이, 5mm 굵기로 채 썰고,

2 무는 사방 4cm 크기로 나박 썰고,

3 대파는 송송 썰고, 청양고추는 송송 썰어 씨를 털고, 콩나물은 씻어 물기를 빼고,

4 냄비에 식용유를 두르고 고춧가루와 고추장을 뺀 나머지 양념 재료와 목살을 넣어 센 불에서 고기가 회색빛이 되도록 볶고,

5 멸치다시마 육수를 붓고 무를 넣어 끓이고,

6 콩나물을 넣어 10분간 더 끓이고, 고춧가루와 고추장을 넣고 한소끔 끓이고, 대파와 청양고추를 곁들여 마무리.

육개장 +

고기 내장 들여다보기

고기 외에도 우리는 예상 외로 가까운 곳에서 내장을 즐겨 먹는

다. 분식집에서 흔히 먹는 선지로 만든 순대와 함께 곁들이는 간, 위, 허파 등의 부위

다. 그밖에 선지해장국, 곱창전골, 대창구이 등도 흔하다. 내장 부위는 사실 살코기 부위

보다 냄새가 쉽게 난다. 수분이 많고 단백질 조직의 산패가 빠르기 때문에 신선한 것으로 요리해야 한

다는 점을 알아두자.

선지 피를 식혀서 굳힌 것을 선지라고 한다. 굳지 않은 신선한 피는 순대를 만들 때 넣거나 소시지 속

반죽을 만들 때 사용한다. 우리나라에서 선지는 국의 건더기로만 주로 먹지만, 여러 나라에서 튀김옷

을 입혀 튀기거나, 내장이 들어간 전골이나 수프 등에도 넣어 먹는다. 굳힌 선지를 국에 넣을 때 보통

삶아 넣는데, 중간 불로 물의 온도를 약 70℃(중탕처럼)로 해서 15분 정도 삶아야 기포가 생기지 않고

연두부 같은 부드러운 식감으로 먹을 수 있다.

간 고기 중 철분이 가장 많이 함유된 부위다. 우리나라에서는 삶거나 쪄먹는 조리법이 흔하다. 중국

에서는 볶음 요리로 먹기도 한다. 아주 신선한 간은 구워 먹는 것도 좋다. 단, 너무 오래 익히면 수분이

모두 빠져나가 식감이 떨어지니 익히는 정도에 신경 써야 한다. 간이나 천엽, 허파로 전을 부쳐서 전골

같은 데 넣어도 맛있다.

창자 소창, 대창, 막창, 곱창 등으로 이루어진 창자. 소창은 순대의 외피, 대창은 볶음, 막창은 구이

로 주로 먹는다. 곱창은 양념해 쇠고기 전골에 넣어 같이 끓여 먹으면 국물 맛이 진하고 부드러워진다.

쇠고기와 갖은 나물, 고춧가루 등을 넣고 장시간 푹 끓이는 것이 제맛이지만 미리 만들어둔 육수와 양념장이
있으면 즉석에서 뚝딱 끓일 수도 있다. 원래 쇠기름으로 고춧가루를 볶아서 사용하지만, 고추기름으로 대체해도
좋 다. 기호에 따라 달걀 푼 것을 국에 돌려 넣어도 맛있다. 여기에 닭고기를 넣으면 닭개장이 된다. 또 만두를
넣어서 끓이면 북한 향토 음식인 만두어랑탕이 되며, 선지나 소내장 등을 더해 끓이면 더욱 풍미가 좋 아진다.

4인분

육개장

필수 재료 _ 쇠고기(불고기용 400g), 물(1L), 건고사리(1줌), 당면(0.5줌), 대파 흰부분(15cm), 느타리버섯(1줌), 숙주(1줌), 표고버섯(2개), 달걀(2개) **tip** 삶은 고사리를 구입할 경우, 1줌(=100g)이면 된다.

양념 _ 고추기름(3), 고춧가루(4), 다진 마늘(1), 참기름(1), 국간장(2), 소금(0.5), 후춧가루(약간)

손질

1 쇠고기는 흐르는 물에 주물러 씻어 핏물을 빼고, 건고사리는 찬물에 2시간 불린 뒤 쌀뜨물에 넣고 15분간 삶아 건져 물기를 짜고,

2 당면은 찬물에 담가 1시간 이상 불렸다 건져 물기를 빼고,

3 대파는 칼등으로 살짝 두들겨 부드럽게 한 뒤 길게 반 가르고,

4 삶은 고사리는 6cm 길이로 썰고, 당면도 먹기 좋게 자르고, 느타리버섯은 밑동을 제거해 가닥가닥 떼고, 숙주는 깨끗이 다듬고,

5 표고버섯은 밑동을 제거해 모양을 살려 썰고,

6 달걀은 볼에 풀어두고,

7 팬에 고추기름을 두르고 고춧가루를 넣어 약한 불에서 30초 정도 살짝 볶다가 다진 마늘, 참기름, 국간장을 넣어 살짝 뒤섞어 양념장을 만들고,

8 냄비에 물과 고기를 넣어 센 불에서 끓이고, 부유물이 뜨면 국자로 걷어내고,

9 대파, 고사리, 버섯, 숙주를 넣어 끓이고,

10 양념상을 풀어 5분 정도 더 끓이다가 소금, 후춧가루로 간하고,

11 육개장에 달걀물을 부어 센 불로 1분간 더 끓이고,

12 그릇에 불린 당면을 넣고 팔팔 끓은 육개장을 1인분씩 담아 마무리.

감자탕 

'감자탕'이란 이름은 돼지 등뼈에 든 척수를 '감자'라 한다는 데서 유래했다. 감자탕은 고구려, 백제, 신라가 자웅을 겨루던 삼국시대에 돼지사육으로 유명했던 현재의 전라도 지역에서 유래되어 전국 각지로 전파된 한국 고유 전통음식이다. 주로 등뼈로 끓여 먹지만 등갈비로 끓이면 가정에서 좀 더 간단하게 만들 수 있다.

plus info. 들깻가루에 대해서

한식에 참기름, 다진 마늘만큼이나 많이 사용하는 재료 중 하나가 바로 들깻가루다. 나물무침이나 시래기볶음, 샐러드드레싱, 감자탕이나 버섯전골, 미역국, 칼국수 등을 요리할 때 두루두루 쓰인다.

특히 들깻가루는 고기와도 찰떡궁합을 이룬다. 부드럽고 고소한 맛을 배가시켜주고 누린내를 잡아줄 뿐 아니라, 들깻가루에 함유된 리놀산이라는 불포화지방산이 혈관에 콜레스테롤이 침착되는 것을 막아주므로 고기를 먹을 때 함께 먹으면 좋다.

들깻가루는 상온에 보관할 경우 산패할 가능성이 높으므로, 지퍼백이나 밀폐용기에 나눠 담은 뒤 냉장실이나 냉동실에 보관한다.

감자탕

필수 재료 _ 돼지고기(등갈비 1kg), 말린 우거지(1줌=300g), 감자(3개), 무(5cm=400g), 양파(1/2개), 건고추(2개), 대파(30cm), 깻잎순(2줌=100g), 들깻가루(1)

`tip` 깻잎순 대신 깻잎으로 대체해도 되나 약간의 쓴맛이 날 수 있으니 양을 약간만 넣을 것.

`tip` 감자는 하지 감자가 가장 달큰해서 맛있으며, 모양이 동그랗고 골이 없으며 들어봤을 때 묵직하고 주름 없이 탱글탱글한 것으로 고른다.

`tip` 삶은 우거지를 구입할 경우 2줌(=500g)이면 된다.

양념장 _ 고추장(1)+고운 고춧가루(2)+굵은 고춧가루(2)+다진 마늘(1)+새우젓(1)+된장(1)+후춧가루(0.5)+물(4컵)

1 등갈비는 살과 뼈 사이를 잘라서 한 개씩 분리하고,

2 설탕(2) 섞은 물에 담가 중간중간 물을 갈아가며 3시간 정도 핏물을 빼고,

3 우거지는 끓는 물에 담가 부드럽게 삶고,

4 찬물에 담가 군내를 없애고,

5 물기를 꼭 짠 뒤 6cm 길이로 썰고,

6 감자는 껍질을 깎아 찬물에 담가두고,

7 무는 큼직하게 4등분하고, 양파는 1cm 두께로 채 썰고, 건고추는 꼭지만 떼고,

8 대파는 흰부분을 칼등으로 눌러 부드 럽게 하고, 길게 반 갈라 6cm 길이로 썰고,

9 깻잎순은 물에 씻어 건지고,

10 압력솥의 바닥에 무를 깔고 손질한 등갈비, 감자, 우거지, 건고추, 양념장을 올리고,

11 뚜껑을 닫고 센 불에서 20분 익히고, 추 소리가 나기 시작하면 불을 끄고 10분간 뜸을 들이고,

12 국물의 기름기를 걷어낸 뒤 뚝배기에 옮겨 담고,

13 대파, 양파, 깻잎순을 올려 한소끔 끓인 뒤 들깻가루를 넣어 마무리.

돼지감자고추장찌개 +

앞다릿살을 볶아서 끓이는 찌개로, 기름기가 없는 부위를 골라야 맛있다. 고기를 먼저 충분히
볶아서 조리하면 단백질이 잘 우러나와 고소한 맛이 훨씬 좋아진다.

필수 재료 _ 앞다릿살(살코기 400g), 감자(2개=300g), 애호박(10cm), 표고버섯(2개), 양파(1/2개), 청양고추(2개), 대파(30cm), 두부(1/3모=100g), 식용유(2)

양념 _ 다진 마늘(2), 생강즙(0.5), 고춧가루(2), 고추장(3), 간장(2), 쌀뜨물(또는 멸치다시마 육수 5컵), 새우젓(2), 물엿(2), 후춧가루(약간)

1 앞다릿살은 한입 크기로 썰고, 감자와 애호박은 5mm 두께로 반달 모양으로 썰고,

2 표고버섯은 밑동을 떼어 낸 뒤 3mm 두께로 채 썰고, 양파는 6등분하고, 청양고추와 대파는 송송 썰고,

3 두부는 5×6cm 크기, 1cm 두께로 썰고,

4 냄비에 식용유를 두르고 센 불로 달군 다음 앞다릿살을 넣어 볶고,

5 회색빛이 돌면 불을 끈 뒤 다진 마늘, 생강즙, 고춧가루, 고추장, 간장을 넣어 약한 불에서 볶고,

6 쌀뜨물을 부어 센 불에서 끓어오르면 감자를 넣고 새우젓으로 간하고,

7 감자가 반 정도 익었을 때 애호박, 표고버섯, 양파, 두부를 넣어 끓이고,

8 감자가 투명하게 다 익으면 물엿, 후춧가루를 넣고,

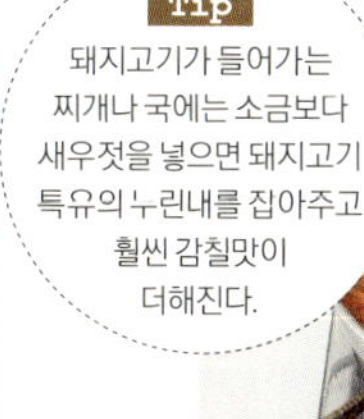

9 다시 끓어오르면 대파와 청양고추를 넣고 불을 꺼 마무리.

차돌된장찌개

채소만 넣고 끓인 된장찌개에 비해 고소하고 든든한
차돌된장찌개. 차돌 대신 바지락 등을 넣고 끓여도
맛있다. 된장 양념장은 많이 만들어 두었다가 조림이나
나물무침을 할 때 활용하면 좋 다.

4인분

필수 재료 _ 두께 2mm 차돌박이(300g), 애호박(6cm), 청양고추(2개), 대파(15cm), 팽이버섯(1줌), 양배추(1/6통=100g), 두부(1/2모=150g), 쌀뜨물(5컵) **tip** 차돌박이는 살코기가 많은 부위로 고를 것.

양념장 _ 된장(1/2컵), 청국장(1), 무즙(6), 멸치가루(1), 표고버섯가루(1.5), 고춧가루(0.5), 청양 고춧가루(0.5)

tip 무즙을 넣으면 시원한 맛이 우러나와 따로 육수를 만들지 않아도 된다. 청국장은 생략 가능하다.

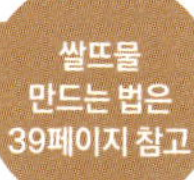

1 차돌박이는 한입 크기로 썰고,

2 애호박은 반달 모양으로 썰고, 청양고추
와 대파는 송송 썰고, 양배추와 두부는
3×3cm크기로 썰고, 버섯은 밑동을 떼고,

3 양념장은 골고루 섞고,

4 냄비에 쌀뜨물을 부어 끓이고,

5 끓어오르면 양념장을 풀고,

6 양배추, 애호박, 차돌박이를 넣어 10분
간 끓이고,

7 대파, 팽이버섯, 두부, 청양고추를 넣고
끓여 마무리.

돼지김치찌개 +

목살 대신 갈비를 끓여도 맛있고, 소시지, 햄, 우동, 소면, 라면, 떡, 불린 당면 등을 넣으면 더 푸짐하게 먹을 수 있다. 미나리, 쑥갓 등 푸른 채소는 다른 채소가 충분히 익고 난 다음에 넣어야 향을 즐길 수 있다. 기호에 따라 케첩(1)을 넣으면 부대찌개의 맛으로 즐길 수도 있다.

plus info. 당면을 편하게 사용하는 법

마른 당면을 요리할 때마다 먹기 좋게 불리려면 시간이 오래 걸리는데, 간편하게 사용할 수 있는 방법이 있다. 바로 미리 불려서 냉동해두는 것. 한 번에 많이 불려둔 당면을 먹기 좋은 양만큼씩 소분해서 지퍼백에 담아 냉동해두면 불고기, 전골, 잡채, 떡볶이 사리, 당면 짜장 등 요리할 때 요긴하게 사용할 수 있다.

돼지김치찌개

필수 재료 _ 두께 1cm 돼지고기(목살 300g), 신김치(1/4포기), 물(7컵)

선택 재료 _ 당면(1줌=100g), 미나리(1줌=60g,) 양파(1/2개), 대파(30cm), 청·홍고추(1개씩), 쑥갓(1줌), 두부(1/2모=150g)

양념 _ 청주(2), 다진 마늘(2), 설탕(0.5), 소금(0.5), 고춧가루(2), 후춧가루(약간)

손질

Tip
불려두지 못할 경우 끓는 물에 5분 정도 삶았다가 건져서 바로 조리에 더해야 한다.

1 당면은 찬물에 담가 1시간 이상 불렸다 건져 물기를 빼고,

2 돼지고기는 4cm 너비로 썰고,

3 청주, 다진 마늘, 설탕을 넣고 조물조 물 버무리고,

4 신김치는 소를 털어낸 뒤 5cm 길이로 썰고,

5 미나리는 6cm 길이로 썰고, 양파는 1cm 두께로 채 썰고, 고추는 4mm 두 께로 어슷 썰어 씨를 털고, 쑥갓은 손으로 먹 기 좋게 뜯고,

6 두부는 크기 5×6cm, 두께 1cm로 썰 고, 대파는 어슷 썰고,

7 센 불로 달군 전골냄비에 돼지고기를 넣어 중간 불로 볶고,

8 고기에서 기름이 나오고 회색빛이 돌면 신김치를 넣어 볶고,

9 물을 부어 센 불로 끓이고,

10 육수가 반 정도 졸아들면 나머지 양념을 넣고,

11 불린 당면, 파와 양파를 넣고,

12 한소끔 끓으면 미나리, 고추, 두부, 쑥갓을 넣어 마무리.

index